福田淳子便捷食谱
可以尽享四季蔬菜的乳蛋饼

〔日〕福田淳子　著

郑钧（Jasmine）　译

河南科学技术出版社
·郑州·

写在前面

因为编辑出版这本书，我烤了很多很多的乳蛋饼。那真可以说是"堆积如山"的量啊！为什么会这样呢？那是因为我自己在细节上也一直有很多疑问。比如，"做低糖挞皮时只加水不可以吗？加入鸡蛋后会怎样呢？""蛋奶糊里要加入鲜奶油才更好吧？""怎样做出更清淡的乳蛋饼？"等等。

制作过程中在做法、材料、配方等方面都做过调整。结果呢，就是知道了一点：无论哪种搭配组合，都各有各的味道，都可以做得非常可口！烘焙成型后的乳蛋饼有的外形看上去不太令人满意，但是不好吃的乳蛋饼一个都没有过。

这种搭配组合上的自由性，我想正是乳蛋饼的魅力所在。加入蛋黄烘焙而成的低糖挞皮香味浓郁。而仅用水与面粉、黄油烘焙而成的低糖挞皮口感酥脆，是简约直白的好味道。我不是比较哪一种更好吃，而是想说这两种都非常好吃！

每个人的口味各不相同，让细节也都能吻合自己的喜好，我想这就是手作食品的魅力所在吧。在本书中，有很多种类的低糖挞皮和蛋奶糊，它们都是从我的各种尝试结果中精选出来的。大家可以遵循自己的喜好，结合当天的心情，根据家里的现有材料，自由发挥。

掌握了基本做法之后，希望大家进一步尝试多种多样的搭配组合，制作一款"世界上最美味的乳蛋饼"，献给你自己，也献给你身边最重要的那些人。

福田淳子

本书的使用方法
动手做自己喜爱的乳蛋饼

我们所认同的好吃的味道和组合因人而异，各不相同。
所以在这本书里，我为大家提供可以制作出自己喜欢的乳蛋饼的方法！

话说回来，到底什么是"乳蛋饼"呢?

所谓乳蛋饼，是法国阿尔萨斯、洛林地区的家庭料理，是在低糖挞皮中，灌入拌有蔬菜、肉、鱼等馅料的蛋奶糊（即鸡蛋和乳制品混合做成的糊），上面撒上奶酪后烘焙而成的料理。

洛林地区的乳蛋饼，特别是被称为"洛林乳蛋饼"的，多指仅有培根、火腿等馅料的简单式样的乳蛋饼。至于乳蛋饼的馅料，没有特别的规定，冰箱里没用完的蔬菜、晚饭时剩余的菜肴等都可以变身成为馅料，烘焙出美味的乳蛋饼。

也就是说……

乳蛋饼 =

挞皮　　　　蛋奶糊　　　　馅料　　　　奶酪

乳蛋饼种类繁多，但基本上只要是由挞皮、蛋奶糊、馅料、奶酪这4种食材组合而成的，都可以称之为乳蛋饼。

乳蛋饼的制作方法

单说低糖挞皮，既有酥脆清爽口感的，也有浓郁厚重口感的，根据材料配合的比例，可以烘焙出不同种类的低糖挞皮。蛋奶糊、奶酪也如此。

为了能够配合心情、个人喜好选择相应的低糖挞皮、蛋奶糊，本书按照不同种类分别介绍了数款乳蛋饼的制作方法。

在菜谱里我清楚地写明了推荐的食材，却丝毫没有"非这样搭配不可"的意思哦！比如"今天的乳蛋饼想作为喝红酒时的副菜，所以想做那种吃一小块就可以心满意足的浓郁丰醇型的"，再比如"口感清淡不腻的乳蛋饼比较适合今天的心情"等等，请根据喜好选择配方组合，制作并享受你自己喜欢的乳蛋饼吧。

低糖挞皮
P.16~17

介绍4种配方。同时也介绍了加入芝麻、香草等的方法。

蛋奶糊
P.18~19

从浓郁丰醇口感的，到清淡健康口感的，共介绍6种配方。

馅料

在各款菜谱中逐一进行介绍，即使使用冰箱里没用完的蔬菜炝炒出来的小菜等也完全可以。

奶酪
P.20~21

基本上使用比萨饼用的奶酪就可以，但将奶酪稍做改变的话，口感也会随之发生变化。

好了，下面就赶紧开始尝试制作乳蛋饼吧！

目 录

Leçon 1
基本款乳蛋饼

基本款乳蛋饼的制作方法   9
制作美味乳蛋饼的小贴士   14
低糖挞皮   16
蛋奶糊   18
奶酪   20
低糖挞皮、蛋奶糊、奶酪的组合   22

乳蛋饼笔记 1   乳蛋饼的切分
与保存方法   24

Leçon 2
富含蔬菜的乳蛋饼

菠菜与洋蘑菇的卡门贝尔
干酪乳蛋饼   26
奶油玉米的香腻乳蛋饼   28
意面罗勒青酱乳蛋饼   30
南瓜口蘑馅生姜肉桂口味乳蛋饼   31
烤洋葱乳蛋饼   32
九条葱的和风乳蛋饼   34
洋白菜多多乳蛋饼   35
西葫芦与西红柿乳蛋饼   36
春菊与莲藕的乳蛋饼   38
芋头与山药的芝麻乳蛋饼   39
豆腐与蔬菜的五彩乳蛋饼   40
茄子与梅干的和风乳蛋饼   42
豆奶糙米意式烩饭乳蛋饼   43
苹果与无花果的蓝纹奶酪乳蛋饼   44
豆类与彩椒的西洋水果醋乳蛋饼   46
土豆与鸡蛋的沙拉乳蛋饼   47

品味四季风情的乳蛋饼
  春   绿色乳蛋饼   48
  夏   色鲜味美咖喱乳蛋饼   49
  秋   蘑菇奶油乳蛋饼   50
  冬   白色乳蛋饼   51

乳蛋饼笔记 2   我的乳蛋饼制作心得   52

Leçon 3
肉类和鱼类的足量型乳蛋饼

盐腌猪肉葱香柠檬乳蛋饼   54
熏制三文鱼与洋葱的奶油奶酪乳蛋饼   56
鸡肉与绿色蔬菜的挞挞酱乳蛋饼   58
火腿葱段乳蛋饼   59
土豆与盐腌凤尾鱼的蒜香乳蛋饼   60
肉糜与洋白菜的煎蛋卷乳蛋饼   61
大虾与鳄梨的酸味奶油乳蛋饼   62
三文鱼与蘑菇的奶油乳蛋饼   64
猪肉与韭菜乳蛋饼   65
金枪鱼与胡萝卜乳蛋饼   66
海鲜与藏红花乳蛋饼   67
干西红柿乳蛋饼加缀鲜火腿   68

乳蛋饼笔记 3   乳蛋饼的包装   70

Leçon 4
简单快捷的乳蛋饼

馅料简单的菜肴乳蛋饼
  法式炖菜乳蛋饼   72
  金平牛蒡乳蛋饼   74
  蛋炒苦瓜豆腐乳蛋饼   75
  煮鹿尾菜乳蛋饼   76
  奶油炖菜乳蛋饼   77

轻松搞定低糖挞皮的乳蛋饼
~ 使用冷冻派皮 ~
  乳蛋饼迷你树   78
  玻璃杯装乳蛋饼   80
~ 使用春卷皮 ~
  芦笋与香肠乳蛋饼   81
~ 使用面包 ~
  茄香肉沙司乳蛋饼   82
  蜂蜜芥末鸡肉红薯乳蛋饼   83
~ 不使用低糖挞皮 ~
  南瓜盅乳蛋饼   84
  蔬菜多多口感松软的乳蛋饼   85

乳蛋饼笔记 4   剩余低糖挞皮活用术   86

Leçon 1

基本款乳蛋饼

首先，让我们尝试制作基本款的洛林乳蛋饼。
每一环节都做了详细说明，
所以相信无论是谁都可以做出美味的乳蛋饼！
如果能够做出基本款的乳蛋饼，那么接下来
就只是选择自己喜欢的低糖挞皮和蛋奶糊了。

本书的使用规则

· 1 大匙 =15mL，1 小匙 =5mL。
· 所用黄油为不加盐黄油，所用鸡蛋为 M 号（约 50g）大小。
· 图片里的搭配蔬菜、装饰用香草等与乳蛋饼味道无关的材料，均不做说明。
· 烤箱请一定按照说明的温度预热以后再进行烘焙。烤箱温度与烘焙时间均为参考标准数值。
  烤箱不同会出现一定偏差，所以请观察烤箱内状态进行烘焙。食谱所载温度为使用电烤箱烘
  焙时的参考标准。
· 使用微波炉加热时的时间，参考标准功率为 600W。不同微波炉的加热时间会出现一定偏差，
  所以请观察微波炉内状态进行加热。

洛林乳蛋饼

基本款乳蛋饼的制作方法

首先，我们来学做洛林乳蛋饼，以了解基本款乳蛋饼的制作方法。
事实上，不管哪种乳蛋饼的制作流程都一样，所以在这里记住制作流程，后边的操作就会轻松上手。

材料 （直径 18cm 甜挞模具 1 个）

■低糖挞皮 （2 份）
· 低筋面粉　　　　　240g
· 黄油　　　　　　　140g

A
· 蛋黄　　　　　　　1 个
· 凉水　　　　　50~60mL
· 砂糖　　　　　　1 大匙
· 盐　　　　　　1/2 小匙

※ 这款挞皮即 P17 的 Type3
※ 制作面坯时不易打理，所以建议以此配方一次做出 2 份，留 1 份备用。备用的面坯可在冷藏室保存 2~3 天或冷冻室保存 1 个月左右。如果就想做 1 份挞皮，只要将挞皮所有材料都按一半的量制作即可

■蛋奶糊 （1 份）
· 鸡蛋　　　　　　　1 个
· 牛奶　　　　　　40mL
· 鲜奶油　　　　　40mL

※ 同 P18 的 Type2

■馅料 （1 份）
· 厚片火腿　　　　150g
· 黄油　　　　　1/2 大匙
· 盐、胡椒　　　各少许

■奶酪 （1 份）
· 比萨饼用奶酪（切丝型）　50g

※ 直接使用也可以，细细切碎后再用的话成型会更美观

> **使用食物搅拌机时**
>
> 工序 2 时将面粉与黄油放入食物搅拌机内打碎后，放到盆内待用。其他均按照基本制作方法进行制作即可。

制作低糖挞皮

1　称量好低筋面粉放入盆内，连盆一起置于冰箱冷藏室内充分放凉。将黄油切成 1cm 见方的小块，使用前一直放在冰箱冷藏室内保冷待用。将材料 A 充分混合搅拌。

2　在装低筋面粉的盆内加入黄油后，用手搓揉直至全部黄油呈细小碎末状。如果黄油开始熔化，就再次将盆放入冷藏室，放凉后再继续作业。

3　在 2 里加入搅拌均匀的 A，一边使水和面粉充分结合，一边用手搅为一团。如果有做蛋糕用的刮板，用刮板辅助也可。

☑ 制作低糖挞皮

4　面坯和成一团就可以了。请不要继续不停地揉捏。

5　将面坯分成两份（每份230~240g），放入模具成型。用保鲜膜包住后置于冰箱冷藏室内醒2h以上（或者半天）。

6　在撒上扑面（所需分量外的高筋面粉）的面板上打开面坯，用擀面杖均匀擀压成约3mm厚、比模具大一圈的形状。

7　在模具上涂抹黄油或沙拉油（均为给定分量外），撒上低筋面粉（给定分量外），然后将面坯铺满模具。

8　为避免烘焙时面坯膨胀浮起，密密实实地按紧面坯使之贴紧模具，最后用擀面杖在模具上滚过，去除多余的面坯。

9　为使厚度均匀，在模具边缘用手指捏压一周。因为烤好后会有回缩现象，所以如图所示面坯应稍微高出模具。用保鲜膜包好后置于冰箱冷藏室内至少醒1h。

10 用餐叉在面坯的底面上细密地戳出小孔，以便释放空气。侧面则不必戳孔。

11 在模具内铺上烘焙用纸，将烘焙重石均匀地铺在其上，在200℃的烤箱中烘烤15min。拿掉重石与烘焙用纸后将烤箱降温至180℃，继续烘烤20min左右。

12 至此低糖挞皮就烤好了。如果搭配的蛋奶糊、馅料二者都为液体状态的话，要用毛刷将蛋液（所需分量外）涂在底面上后，再烘烤3min左右，将戳出的小孔堵上。

※ 追加烘烤会烤出更好的成型口味，如果有富余的时间，建议制作乳蛋饼时都追加烘烤

各种模具

本书中除了这里使用的模具之外，还介绍了另外2种模具的烘焙菜单。面坯的分量不论用哪种模具都不变，但是直径15cm的圆形模具，装入蛋奶糊的分量（参见P18~19）和装入馅料之后的烘焙时间会有变化，敬请留意。

直径 15cm 的圆形甜挞模具

蛋奶糊、馅料都可以装入很多，所以请在想要品尝奶香浓郁的甜挞时选择这种模具。
【装入馅料后的烘焙时间为40~50min】

直径 18cm 的圆形甜挞模具

整体很薄，甜挞完成后口感酥脆。想要品尝酥脆型低糖挞皮时选择此款模具。
【装入馅料后的烘焙时间为30~40min】

25cm×10cm 的长方形甜挞模具

用此款模具烘焙的甜挞也是酥脆口感。此外，这种形状的甜挞容易切分，建议在款待亲朋时使用。
【装入馅料后的烘焙时间为30~40min】

☑ 制作蛋奶糊

☑ 制作馅料

制作蛋奶糊

低糖挞皮烤好之后，接下来就是蛋奶糊的制作了。

13 在盆里打入鸡蛋，用叉子轻轻铲起混合蛋液，以此方式拌匀。不要打发起泡。

14 加入牛奶、鲜奶油，充分进行搅拌。至此蛋奶糊就制作完成了。

制作馅料

接下来制作填充其中的馅料。本书中会连同奶酪一起混合制作。

15 将火腿切成1cm见方的小块，在预热后的不粘锅内放入黄油，熔化后轻轻翻炒。

16 加入盐、胡椒调味后将锅离火，加入制作比萨饼用的奶酪（※切得细碎一些烘焙成型效果会更美观），迅速混合搅拌均匀。

烘焙成型

接下来就是最后一道工序。烘焙出恰到好处的焦脆感，完美成型！

17 低糖挞皮里装入馅料或奶酪后注入蛋奶糊，在180℃的烤箱里烘烤30~40min。

18 如果烤箱高度偏低，在预定的烘焙时间内也可能烤煳，那么就在表面盖上铝箔纸后再烘烤。

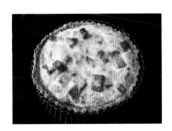

19 中心部分开始变得有弹力时，就说明烤好了。

20 置于蛋糕架上去余热后从模具中取出，切分后享用。

制作美味乳蛋饼的小贴士

想要不失败地做出美味的乳蛋饼，个中自有一些诀窍。
在这里，我将这些制作中的要点总结归纳到一起。
如果在制作基本款的洛林乳蛋饼时没有达到理想的效果，请参考。

Point 1

注意不要让黄油熔化！

低糖挞皮之所以美味，一来是因为刚咬上去时的酥脆感，二来是因为入口之后松散碎开的口感。烘烤酥脆的诀窍在于低筋面粉中的黄油要细细碎碎完全分散混入其中。正因为如此，在将面坯和黄油混合时（P9工序2），千万不要让黄油熔化。所以，要连同面粉也一起放到冰箱中放凉保冷。如果制作过程中觉得黄油开始熔化了，就不要强行继续，把材料放回冰箱一段时间后再取出来继续制作。夏天的时候则请注意室内要开空调才好。

使用指尖，掺混黄油与面粉。手的温度也容易使黄油熔化，所以动作一定要快。

如图所示，面粉与黄油混在一起，彼此分辨不清且黄油呈小粒状时，就是最完美状态！

NG!

没加水，可面团这样子成为一团，这是黄油都熔化了的缘故。用这样的面团不会烤出酥脆的口感。

Point 2

千万不要揉捏面坯！

低糖挞皮要想烤得酥脆香，还有一个诀窍，那就是不要过度揉捏面坯。即便是将黄油与面粉掺混得恰到好处，加水时（P9工序3）又揉又捏的话，也会前功尽弃。在此工序中只要将面坯打理成团状就好，所以尽可能快速进行。另外，手的温度也容易让黄油熔化，所以如果有专用刮板的话，使用刮板来做会更安心。

NG!

将面坯或揪起或按压或揉捏的做法都错。好不容易将黄油与面粉成功掺拌好了，这些做法会让你前功尽弃。

Point 3

充分放置醒好面坯这一点非常重要！

经过烘焙后的低糖挞皮都会出现相对缩小的
现象，所以面坯充分醒好这一点很重要。充
分醒面的过程能够减少面坯本身富余的弹
力，这样一来，面坯会变得更容易拉伸，同
时也不容易缩小，下一道工序不易失败，可
一气呵成。制作低糖挞皮过程中有2道醒面
工序（P10工序5／P10工序9），虽然这
只是一个很小的细节，也请不要嫌麻烦，醒
面一定要充分。

醒面时，为防止面坯干燥，请一定要包上保鲜膜。2道工序醒面一定
要充分。

Point 4

面坯一定要擀成均等厚度！

在擀平拉伸面坯时（P10工序6），一定
要使面坯呈均等厚度。如果这里厚一点、
那里薄一点的话，烘烤成型时就会出现不
同的效果。这里都是以厚度3mm为前提
设定的烘焙时间，如果厚度有变烘焙时间
也要随之改变。一定要将面坯整体都拉伸
擀平，一边转动面坯一边拉伸，作业会更
顺手。

利用身体重量，均等地拉伸擀
压。

一点点转动面坯，每转动一次都
擀压拉伸，面坯就会呈均等厚度
了。

Point 5

素烤时一定要放入重石！

低糖挞皮之所以好吃，就在于那酥松香脆的
口感。但是，如果略过面坯素烤的过程而直
接将馅料装填进去烘焙的话，是绝对不会烤
出酥松口感的。即便花费时间烘焙，底部也
只会是软乎乎的感觉。一定要放入重石后再
进行素烤。如果素烤时不放入重石的话，挞
皮底部会膨胀起来，定量的馅料和蛋奶糊就
装填不进去了。如果没有专用的重石也可以
用红小豆等代替，此外，蛋奶糊、馅料呈液
体状态的话，不要忘记在素烤之后再涂抹上
一层蛋液追加烘焙3min左右。这样做底部
的孔会被堵上，蛋奶糊不会淌出来。

追加烘焙时所需的蛋液，只要借
用一点制作蛋奶糊时的蛋液就可
以了。

NG!

不放重石烘焙的话，底面就会如
图一样膨胀而起。这种状态下，
馅料、蛋奶糊都装填不进去。

低糖挞皮

在这里介绍 4 种低糖挞皮。
除了清淡口感的健康型挞皮之外，其他的做法基本相同。

Type 1

酥脆口感厚重型

4种挞皮中质地最硬的一种，烘焙后
成型很好。与鸡蛋、油脂、面粉的味
道平衡感也很好。推荐给想使用鸡
蛋，但是不喜欢光剩下蛋白部分的
人。

材料

· 低筋面粉	240g
· 黄油	140g
A	
· 鸡蛋	1个
· 凉水	20~30mL
· 砂糖	1大匙
· 盐	1/2小匙

Type 2

爽脆口感简单型

想享受面粉美味时请选此款。烘焙后
口感酥脆，和任何馅料、蛋奶糊都可
以完美搭配。与加鸡蛋的挞皮相比，
更轻快爽口。

材料

· 低筋面粉	240g
· 黄油	140g
A	
· 凉水	70~80mL
· 砂糖	1大匙
· 盐	1/2小匙

加入香草、芝麻或者全麦面粉等

在面粉里加入一部分全麦粉、糙米粉、粗磨玉米粉等时，请按照如下配方置换即可。与低筋面粉组合后按照基本做法进行制作。

| 低筋面粉　240g | → | 150g（减量后） |
| 加入置换面粉　90g | | |

想要加入香草、芝麻等时，在将低筋面粉与黄油揉搓混合之后再加入进去（P9工序2之后）。具体分量如下所示。

| 低筋面粉　240g | → | 220g（减量后） |
| 加入材料　2大匙 | | |

Type 3

酥脆易碎香醇型

奶油色的挞皮，蛋黄的浓香，这是香醇口味的一款。比起酥脆浓郁型，这款更酥脆易碎、入口即破的口感，更是平添朵颐之悦。烘焙着色效果很好。

材料

| ·低筋面粉 | 240g |
| ·黄油 | 140g |

A

·蛋黄	1个量
·凉水	50~60mL
·砂糖	1大匙
·盐	1/2小匙

Type 4

清淡口感健康型

不使用黄油、鸡蛋、砂糖。使用豆奶取代砂糖，来增加自然甜味。烘焙前挞皮容易碎裂，所以在放到烤盘里时要小心。

材料

| ·低筋面粉 | 320g |
| ·油 | 90mL |

※沙拉油或菜籽油等

A

| ·豆奶 | 70~80mL |
| ·盐 | 1/2小匙 |

※将低筋面粉放入盆内，少量多次加油，并用叉子搅拌，使之呈散碎不黏状态。加入A，使面粉成为一团，但尽量不要揉捏，之后按照基本款做法，从P10工序5开始同法制作

蛋奶糊

在这里介绍 6 种蛋奶糊。
制作方法基本相同，关键是打散搅拌。

※蛋奶糊的分量，使用直径18cm的圆形挞模、25cm×10cm的长方形挞模时为130mL，
　使用直径15cm的圆形挞模时则需195mL。因为在材料一栏里同时标有2种模具的分量，
　所以制作时请注意区分。

Type 1

鸡蛋 × 牛奶型

口感清淡。可以深度品味低糖
挞皮的醇香口感。只用简单的
材料就可以制作。

Type 2

混合型

既浓郁醇香，又不失轻快口
感，是搭配最符合黄金比的一
款。不论与哪种低糖挞皮和馅
料都可以完美组合，相得益
彰。

Type 3

鸡蛋 × 鲜奶油型

口感如奶油般柔润浓郁，如果
做糕点的鲜奶油有剩余，非常
推荐尝试此款配方。

材料（130mL ／ 195mL）
- 鸡蛋　　　1个／1个半
- 牛奶　　80mL／120mL

材料（130mL ／ 195mL）
- 鸡蛋　　　1个／1个半
- 牛奶　　40mL／60mL
- 鲜奶油　40mL／60mL

材料（130mL ／ 195mL）
- 鸡蛋　　　1个／1个半
- 鲜奶油　80mL／120mL

加入香料调味品等也可以

加入肉豆蔻等香料调味品，也一样可以烘焙得美味可口。
制作时，在所有材料都混合搅拌之后，按照自己的喜好加入即可。
需要注意的是，本书中的所有食谱，由于馅料都充分进行了调味，
所以为了保证烘焙成型后更可口，请不要另行加入盐、胡椒等调料。

Type 4

蛋黄型

比鸡蛋×鲜奶油型口感更加奢华细腻。即使放凉后依然香腻可口，入口即化。

Type 5

鸡蛋偏多型

与其形容它香滑，不如说其口感更接近布丁，富有弹力。牛奶、鲜奶油随个人喜好加减即可。

Type 6

健康型

这是用豆奶代替牛奶制成的健康型，与和风素材也能够相得益彰。也可以将豆奶用量减半或换成豆奶、鲜奶油的组合。

材料（130mL／195mL）
· 蛋黄　　2个量／3个量
· 鲜奶油　80mL／120mL

材料（130mL／195mL）
· 鸡蛋　　　　　　1个半／2个半
· 牛奶或鲜奶油　55mL／70mL
※二者合计55mL（70mL）也可

材料（130mL／195mL）
· 鸡蛋　　1个／1个半
· 豆奶　　80mL／120mL

奶酪

因为奶酪占了乳蛋饼 1/4 的分量，
所以仅仅是更换奶酪的种类，就可以成就一种别样的乳蛋饼。

比萨饼用奶酪

容易买到、价格亲民、烘焙成型效果好，在本书中使用较多。使用方便的条状奶酪尤为推荐。

蓝纹奶酪

口感独特、具有青霉纹理的蓝纹奶酪。因为有非同寻常的口感特征，所以在食材组合时要多加注意。这是一款个人喜好两极分化的风味奶酪。

格吕耶尔干酪

没有强烈刺激的味道，与任何馅料都能够搭配，可谓全能型奶酪。除了乳蛋饼之外，奶酪火锅等也经常使用这种奶酪。

选择奶酪的方法

在不知道选择哪种奶酪更好的时候，建议您尝试一下比萨饼用奶酪，或者格吕耶尔干酪。如果想要使用像蓝纹奶酪或奶油奶酪等有独特味道的奶酪时，请以奶酪为主题考虑选择与之相配的馅料。

帕马森干酪

经常亮相于餐桌的粉末状奶酪，也一样可以在制作乳蛋饼时使用。作为放入蛋奶糊中的奶酪当然可以，烘焙成型时觉得风味不够时撒在上面也可。

奶油奶酪

制作奶酪蛋糕时使用的奶油奶酪。用它制作乳蛋饼，会另有一番不同的味道。恰到好处的乳酸味，会让馅料更加可口。

卡门贝尔干酪

表面被白霉覆盖的卡门贝尔干酪。一经加热，中间会有奶油状的奶酪流淌而出，非常美味可口。用手掰碎使用。

低糖挞皮、蛋奶糊、奶酪的组合

一边考虑与馅料的完美搭配，一边试着将各部分的材料组合在一起。
这里列举了5种组合。请多多尝试，找到属于你自己的味道。

pattern 1

(酥脆口感
厚重型) （ 鸡蛋
×
鲜奶油型 ） （ 奶油奶酪 ）

白色乳蛋饼（P51）

这是一款由白色系冬季蔬菜组合在一起的乳蛋饼，所以奶酪也选择了白色的
奶油奶酪，与醇香浓郁口感的蛋奶糊可谓最佳组合。

pattern 2

(爽脆口感
简单型) （ 鸡蛋
×
牛奶型 ） （ 格吕耶尔干酪
蓝纹奶酪 ）

烤洋葱乳蛋饼（P32）

等量混合加入了2种奶酪，可以充分感受不同奶酪的不同口味。与爽脆口感
的低糖挞皮也是完美组合。

(酥脆易碎
香醇型) (混合型) (比萨饼用奶酪)

干西红柿乳蛋饼加缀鲜火腿（P68）

在酥脆易碎的低糖挞皮里，加入调味恰到好处的混合型蛋奶糊。干西红柿特有的酸味，是混合口味中的亮点所在。

pattern 4

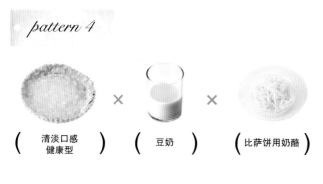

(清淡口感
健康型) (豆奶) (比萨饼用奶酪)

豆奶糙米意式烩饭乳蛋饼（P43）

这款可谓标新立异的乳蛋饼，蛋奶糊成分只有豆奶。加入糙米，利用米糊的黏度使蛋奶糊有凝固感。即使没有使用奶酪，也一样美味可口。

pattern 5

(爽脆口感
简单型) (鸡蛋偏多型) (帕马森干酪)

意面罗勒青酱乳蛋饼（P30）

爽滑筋道的蛋奶糊，与酥脆口感的低糖挞皮组合在一起，同时享受2种不同的口感。奶酪选择帕马森干酪，既加在蛋奶糊、馅料里，也撒在乳蛋饼上。

乳蛋饼笔记 /

乳蛋饼的切分与保存方法

难得烤出了美味的乳蛋饼，当然也希望可以切分得美观，好与大家一起分享。

当多少有剩余时，也希望很好地保存起来，以便再度享用。

在这里，简单介绍几个要点，让你可以将烘焙出的美味乳蛋饼一直尽情享受到最后一口。

美观的切分方法

如果外观碎裂或走型的话，味道也跟着大打折扣。让我们一起学会美观的切分方法吧。

1　刚刚烤好的、热气腾腾状态下的乳蛋饼很容易走型，所以请在余热散去之后再入刀切分。

2　使用波纹刀齿的切刀，从外向内前后拉锯式往返多次一点点切分。一刀两断式的切法会碎裂走型，所以要多加注意。

冷冻保存方法

1~2天的话，可以放在冰箱冷藏室保存，但如果更长时间的话，就要放到冷冻室保存。

【冷冻保存生挞皮】

在本书中，因为一直推荐大家将挞皮按照2份的量一起制作，所以在只做1块乳蛋饼时，就将剩余的生挞皮冷冻保存即可。

〈※保存期限大约1个月〉

1　把准备装入模具的生挞皮（P10工序6）用食品保鲜膜包裹后，再装入冷冻保存专用袋，放到冰箱冷冻室保存。

2　使用前在冷藏室解冻，然后从P10工序7开始按基本制作方法进行制作。

【冷冻保存乳蛋饼】

解冻后的乳蛋饼，只要吃的时候再在烤箱里烤一下，就可以品尝到与刚出炉时同样的美味。

〈※保存期限大约1个月〉

1　将去余热后的乳蛋饼单独用食品保鲜膜密实地包裹好，然后装入冷冻保存专用袋，放入冷冻室保存（如图）。

2　食用前自然解冻，或者在冷藏室解冻（或者使用微波炉的解冻功能进行解冻），再使用烤箱烘烤2~3min。

＊如果要食用的话，最好在前一天晚上从冷冻室移至冷藏室解冻

Leçon 2

富含蔬菜的乳蛋饼

――――――――――

这里聚集了好多富含多种蔬菜营养的乳蛋饼。
几乎所有的蔬菜，
都是平时会储备在冰箱里的常备蔬菜。
这些平素常备的蔬菜，在这里都成了乳蛋饼的主角。

菠菜与洋蘑菇的卡门贝尔干酪乳蛋饼

重点突出卡门贝尔干酪风味的简单组合的乳蛋饼。

馅料里放有大量菠菜，营养成分百分百！

都是很方便入手的材料，即便是每日佐餐也非常适合。

材料
（直径 18cm 甜挞模具 1 个）

■低糖挞皮
  酥脆口感厚重型（P16）

                   素烤品 1 份

■蛋奶糊
  混合型（P18）   130mL

■馅料
  ·菠菜   适量
（用热水焯过挤出水分后约100g）
  ·洋蘑菇（新鲜）   1/2盒
  ·黄油   1大匙
  ·盐、胡椒   各少许

■奶酪　卡门贝尔干酪　50~100g

1 将菠菜用热水焯过，控干水后再用手挤出枝叶间多余的水分，切成3~4cm长待用。洋蘑菇切成薄片。

2 平底煎锅起火加热，放入黄油使之熔化，将菠菜和洋蘑菇整体煸炒后撒上盐、胡椒调味。

3 将平底煎锅从火上撤下来，把奶酪撕碎成适当大小加入其中，快速搅拌均匀。

4 在素烤低糖挞皮内装入3后，注入蛋奶糊。

5 放入180℃的烤箱里烘烤30~40min。

Point

菠菜是涩味很强的蔬菜，所以使用前先用热水焯一下再煸炒，味道会非常可口

卡门贝尔干酪根据喜好择量加入。想要多加入一些的时候，在工序2尽量少放盐。此外，要大小不均等地撕碎。这样烘焙成型时会更美味可口。

CHEESE

THIS FAMOUS CHEESE HAVE BEEN HANDED DOWN FROM G.
IN A SMALL TOWN IN SCANDINAVIA. IT IS LOVED BY PEOP

MADE IN A COLD COUNTRY IN NORTH EUROPE.

奶油玉米的香腻乳蛋饼

鸡蛋偏多的蛋奶糊里，加入足量的奶油玉米粒。
烘焙成型时不加砂糖，可配上打发鲜奶油一起品尝。
味道细腻香醇，玉米粒的甘甜令味蕾活跃。

材料
（直径 15cm 甜挞模具 1 个）

■低糖挞皮
　酥脆易碎香醇型〔P17〕

　　　　　　　　　素烤品 1 份

■蛋奶糊&馅料
　·鸡蛋　　　　　　　2个
　·鲜奶油　　　　　60mL
　·玉米泥（罐装）　　100g
　·煮玉米粒（罐装）　100g
　·盐、胡椒　　　　各少许

■奶酪　比萨饼用奶酪　80g

■成型装饰
　·鲜奶油　　　　　　100g

事前准备
将低糖挞皮追加烘烤一下待用。

1 盆里打入鸡蛋搅拌，加入鲜
奶油后继续充分搅拌。

2 再加入玉米泥、煮玉米粒后轻
轻搅拌。加入盐、胡椒调味后
再加入奶酪，简单搅拌即可。

3 将2的材料注入追加烘烤好的
低糖挞皮内。

4 在180℃的烤箱里烘焙50~
60min。

5 去余热后将之脱模切分，与
八成打发的鲜奶油搭配食用。

这次的蛋奶糊与馅料，是将二
者混合后一起注入的，所以在
放入烤箱进行烘焙前整体状态
非常松软。如果直接使用素烤
品的话，可能会从底部小孔处
漏出，所以一定要追加烘烤一
次。

意面罗勒青酱乳蛋饼

这款乳蛋饼自带新鲜罗勒青翠爽口的感觉，烘焙成型时又加上了帕马森干酪。无须填入很多馅料，只薄薄地烘烤而成，独具酥脆口感。

制作意面罗勒青酱，如果没有食品搅拌机的话，使用擂钵捣碎也可以。酱料如有剩余，可做意面的拌酱，也可做佐餐面包酱。

材料 （直径 18cm 甜挞模具 1 个）

■ 低糖挞皮
　爽脆口感简单型（P16）
　　　　　　　　　　　素烤品 1 份

■ 蛋奶糊
　鸡蛋偏多型（P19）　　130mL

■ 馅料　意面罗勒青酱（全有剩余）
　　　　　　　　　　　　50mL
　· 罗勒　　　　　　　　25g
　· 松子　　　　　　　　30g
　· 大蒜　　　　　　　1/2 头
　· 橄榄油　　　　　　100mL
　· 帕马森干酪　　　　1大匙
　· 盐、胡椒　　　　　各适量

■ 奶酪　帕马森干酪　30g＋适量

事前准备
将低糖挞皮追加烘烤一下待用。

1 制作意面罗勒青酱。将罗勒洗净，充分控干水后适当掐碎。用平底煎锅以小火再调中火将松子煎过，再将大蒜切片待用。

2 将 1 的材料与橄榄油一起用食品搅拌机搅拌为均匀的糊状，加入帕马森干酪、盐、胡椒调味。

3 在蛋奶糊里加入 2 的50mL，帕马森干酪30g后混合搅拌，注入追加烘烤后的低糖挞皮里。

4 放到180℃的烤箱里烘焙40min。

5 去余热后取下模具，撒上适量的帕马森干酪后即可食用。

南瓜口蘑馅生姜肉桂口味乳蛋饼

热乎乎的南瓜,
配上生姜和肉桂作点缀,
整体更突显出个性。
这款乳蛋饼,趁热吃自不必说,
放到冰箱冷藏后再吃也一样美味。

材料 （直径 15cm 甜挞模具 1 个）

■ 低糖挞皮
酥脆口感厚重型（P16）
素烤品 1 份

■ 蛋奶糊
蛋黄型（P19）　　　　195mL

■ 馅料
・南瓜　　　　1/8个（净重160g）
・洋葱　　　　　　　　1/4 个
・丛生口蘑　　　　　　1/2 把
・黄油　　　　　　　　1 大匙
・盐、胡椒　　　　　　各少许
・肉桂　　　　　　　　少许
・生姜末　　　　　　　1/2 小匙
■ 奶酪　比萨饼用奶酪　　　60g

1 将南瓜切成一口大小后摆放到耐热器皿里,轻轻盖上食品保鲜膜后放入微波炉内加热2~3min,直到竹签可以轻松插入南瓜肉内为止。洋葱切片,丛生口蘑去掉根部后切成适当大小待用。

2 加热平底煎锅,放入黄油并使之熔化后,加入1的材料翻炒。

3 加入盐、胡椒、肉桂、生姜末后快速翻炒一下即熄火,并与奶酪混合在一起。

4 将3的材料装入素烤低糖挞皮里,注入蛋奶糊。

5 在180℃的烤箱里烘焙40~50min。

烤洋葱乳蛋饼

这款乳蛋饼，是将用小火一直煎炒后甜味充分渗出的洋葱，还有香味浓郁的炸洋葱末一起作为馅料的，配方简单到不能再简单，味道却好吃到不能再好吃。

这款乳蛋饼是可以品尝到奶酪自身美味的一款，所以请选择自己喜欢的奶酪。

材料
（25cm×10cm 甜挞模具 1 个）

■ 低糖挞皮
　爽脆口感简单型（P16）

　　　　　　　　素烤品 1 份

■ 蛋奶糊
　鸡蛋 × 牛奶型（P18）　　130mL

■ 馅料
　· 洋葱　　　　　　　　　2 个
　· 黄油　　　　　　　　　2 大匙
　· 盐、胡椒　　　　　　　各少许
　· 炸洋葱末　　　　　　　2 大匙

■ 奶酪
　· 格吕耶尔干酪　　　　　30g
　· 蓝纹奶酪　　　　　　　30g

※只用1种奶酪也可以，或者是自己喜欢的其他奶酪也可

1 顺着纤维走向将洋葱切片待用。

2 加热平底煎锅后放入黄油并使之熔化，加入洋葱后加盐、胡椒调味。小火煎炒20~30min，至整体呈现薄薄的焦糖色。

3 在素烤低糖挞皮里加入2，再撒上炸洋葱末、切成适当大小的奶酪后，注入蛋奶糊。

4 在180℃的烤箱里烘焙30~40min。

加入香味浓郁的炸洋葱，可以尽享双味洋葱。一种素材，多层次的口感。

洋葱要慢慢煎炒到变成这个颜色为止。这一点是本款乳蛋饼美味成型的关键所在！

这是一款可以充分衬托出奶酪美味的乳蛋饼，所以这次是将2种奶酪分开来撒上去的，格吕耶尔干酪呈现整体均衡美味，蓝纹奶酪演绎独特个性口味。

九条葱的和风乳蛋饼

这款是大量使用了京都代表蔬菜之一"九条葱"的和风乳蛋饼，更加以樱花虾和天妇罗碎渣增添鲜香亮点。乳蛋饼和这些素材竟也出乎意料地相得益彰。

从叶到茎都很柔软，加热后也余香满口的"九条葱"，盛产季节是冬季。如果采购困难的话，冬葱或青葱也可。

材料 （直径18cm 甜挞模具1个）

■ 低糖挞皮
酥脆口感厚重型（P16）

素烤品 1份

■ 蛋奶糊
· 鸡蛋×牛奶型（P18）130mL
· 酱油　　　　　　　　2小匙

■ 馅料
· 九条葱　　　　　　　　80g
· 樱花虾　　　　　　　2大匙
· 天妇罗碎渣　　　　　2大匙
· 调味用鲣鱼片　　　1~2大匙
■ 奶酪　比萨饼用奶酪　　50g

1 将九条葱从一头横切。

2 在盆内加入九条葱、樱花虾、天妇罗碎渣、调味用鲣鱼片、奶酪后，混合搅拌待用。

3 将2装入素烤低糖挞皮内，再注入加了酱油后的蛋奶糊。

4 在180℃的烤箱里烘焙30~40min。

洋白菜多多乳蛋饼

这是一款可以品尝洋白菜的甘美和鸡蛋的素朴味道的乳蛋饼。其实，里面还加有轻易察觉不出的少量佐料土豆泥。

洋白菜属于富含水分的蔬菜。如果生切使用的话，会渗出很多水分，做出来也不好吃。大致炒成这样之后，再装入挞皮内。

材料 （直径 15cm 甜挞模具 1 个）

■ 低糖挞皮
爽脆口感简单型（P16）
素烤品 1 份

■ 蛋奶糊
鸡蛋×鲜奶油型（P18）195mL

■ 馅料
・洋白菜	1/4 个
・香菇	2～3 个
・沙拉油	1/2 大匙
・盐、胡椒	各少许
・土豆	1 个

（磨成土豆泥后控干水分为100g）

■ 奶酪 比萨饼用奶酪 60g

1 将洋白菜切丝，香菇去柄后切片。

2 在平底煎锅里倒入沙拉油，加热后将1放入，加盐、胡椒调味，小火翻炒。

3 洋白菜变软，水分蒸发后熄火，加入奶酪后简单混合待用。

4 将土豆削皮后磨成泥，轻轻控去水分后加到3里，混合待用。

5 将4装入素烤低糖挞皮内，然后注入蛋奶糊。

6 在180℃的烤箱里烘焙40～50min。

Point

> 土豆容易变色，所以要在加入之前削皮磨成泥

西葫芦与西红柿乳蛋饼

西葫芦的绿色、西红柿的红色、鸡蛋的黄色，这是一款非常养眼的乳蛋饼。
因为是将蔬菜轻轻油煎之后烘焙成型的，所以唇齿之间蔬菜的口感恰到好处，吃起来非常美味。
蔬菜分量充足，所以吃得轻松，淡而不腻。

材料 （直径18cm甜挞模具1个）

■ 低糖挞皮
酥脆易碎香醇型（P17）

素烤品1份

■ 蛋奶糊
混合型（P18）　　　　　130mL

■ 馅料
・西葫芦　　　　　　　　　1个
※这里使用的是绿色的和黄色的各半个
・西红柿　　　　　　　　　2个
・橄榄油　　　　　　　1~2大匙
・盐、胡椒　　　　　　　各少许

■ 奶酪　比萨饼用奶酪　　　50g

1 将西葫芦和西红柿切成5mm厚的圆片。

2 在平底煎锅里注入橄榄油，加热后将西葫芦和西红柿轻煎，撒上盐、胡椒调味。

3 熄火后加入奶酪，简单混合搅拌待用。

4 在素烤低糖挞皮内将3摆放好后注入蛋奶糊。

5 在180℃的烤箱里烘焙30~40min。

西红柿和西葫芦经过油煎轻炒之后会增加天然甜味，变得更加美味！不过，最后要经过烤箱烘焙成型，所以注意不要过度加热。如图所示轻煎即可。

春菊与莲藕的乳蛋饼

放入了大量微苦口味的春菊，
与之相搭配的是吃起来有脆生生口感的莲藕。
蛋奶糊配方是豆奶型，不折不扣的健康指向。
最后撒上罂粟籽成型。

材料 （直径 18cm 甜挞模具 1 个）

■ 低糖挞皮
　爽脆口感简单型（P16）
　　　　　　　　　　　　素烤品 1 份

■ 蛋奶糊
　健康型（P19）　　　　　130mL

■ 馅料
　· 春菊花
　　　　适量（热水焯过后100g）
　· 莲藕　　　　　　　　　　60g
　· 橄榄油　　　　　　　　1 大匙
　· 盐、胡椒　　　　　　　各少许

■ 奶酪　比萨饼用奶酪　　　50g

■ 成型装饰　罂粟籽　　　　少许

1 将热水焯过的春菊花按5cm长切段，莲藕去皮后切片。

2 在平底煎锅内倒入橄榄油，加热后放入莲藕翻炒。再加入春菊花快炒，加盐、胡椒调味。

3 熄火后加入奶酪，简单混合搅拌待用。

4 在素烤低糖挞皮里放入3后注入蛋奶糊，撒上罂粟籽。

5 在180℃的烤箱里烘焙30~40min。

芋头与山药的芝麻乳蛋饼

芋头、山药囫囵混合。

热乎乎的口感最是暖心暖胃。

馅料里还混加了芝麻酱和酱油，这是你轻易察觉不出的用心搭配的佐料。

低糖挞皮里也加了芝麻，烘焙出来香喷喷的。

将调味料充分混合搅拌之后，再加入芋头、山药搅拌。整体拌匀即可。不必捣碎。

材料 （直径 15cm 甜挞模具 1 个）

■ 低糖挞皮
　酥脆易碎香醇型/加有芝麻（P17）※
　　　　　　　　　　　　　　素烤品 1 份

■ 蛋奶糊
　鸡蛋×鲜奶油型（P18）　195mL

■ 馅料
·芋头	120g
·山药	120g
·芝麻酱（白）	1 大匙
·酱油	1 大匙
·砂糖	1 小匙

■ 奶酪　比萨饼用奶酪　　50g

■ 成型装饰　白芝麻　　适量

※ 将240g低筋面粉减量至220g，加入2大匙黑芝麻制作

1 将芋头和山药去皮后，入锅加凉水煮至变软后将水倒掉，再次起火，保持小火，一边摇晃煮锅一边煮干水分，做成"粉吹芋"（一种日式土豆沙拉）那样。

2 在盆内放入芝麻酱、酱油、砂糖后充分混合搅拌，加入1后混合搅拌待用。

3 在2里加入奶酪后简单混合一下。

4 在素烤低糖挞皮里装入3后，注入蛋奶糊，撒上白芝麻。

5 在180℃的烤箱里烘焙40～50min。

豆腐与蔬菜的五彩乳蛋饼

这是一款不使用鸡蛋、乳制品制成的口味清淡、有益健康的乳蛋饼。

非常轻快淡薄的口感，来者不拒的美味。

蛋奶糊里用豆腐代替鸡蛋，滋味渗透，颐养温和。

材料 （25cm×10cm 甜挞模具1个）

■ 低糖挞皮
清淡口感健康型（P17）
素烤品1份

■ 蛋奶糊 豆腐料理
· 老豆腐　300g（控水后200g）
· 日式白豆酱　　　　1大匙
· 芝麻酱（白）　　　1大匙
· 淀粉　　　　　　　1大匙
· 盐　　　　　　　1/2小匙

■ 馅料
· 金针菇　　　　　　1/3棵
· 香菇　　　　　　2~3个
· 胡萝卜　　　　　1/4根
· 毛豆　　　　　　30粒
· 芝麻油　　　　1/2大匙
· 盐　　　　　　　少许

■ 奶酪　无

1 将金针菇去掉根部、香菇切掉柄部后切成适当大小，胡萝卜切成细丝，毛豆煮熟后剥掉外皮待用。

2 在平底煎锅里加入芝麻油，加热后将1快速翻炒，加盐调味。

3 将老豆腐控水至净重200g后，加入日式白豆酱、芝麻酱、淀粉、盐，一起混合后用食物搅拌机搅拌，至呈匀称细腻状态。

4 在豆腐里加入一半量的2，简单混合搅拌。

5 在素烤低糖挞皮里加入4，装点上剩余的2，在蔬菜表面用毛刷涂上芝麻油（分量外）。

6 在180℃的烤箱里烘焙20~30min。

工序3中，如果没有食物搅拌机，就用擂体将豆腐和调味料一起研磨至整体顺滑呈细腻的膏状也可。图片所示的细腻状态就正好。

用来装饰的蔬菜，配色要协调一致。一旦经由烤箱烘焙，难免变得干燥，所以成型时最后要涂上一层芝麻油。

茄子与梅干的和风乳蛋饼

这款乳蛋饼中，经过芝麻油翻炒后香味浓郁的茄子是主角。

茄子不要切得太过细碎，稍微切大一点，保留茄子自身的口感这一点非常重要。而梅干与紫苏的爽口风味也更会令你食欲大振。

紫苏用量随个人喜好。因为直接烘烤后会发黑，所以不要露在低糖挞皮外边，建议铺在底部。

材料 （直径 18cm 甜挞模具 1 个）

■ 低糖挞皮
酥脆口感厚重型（P16）
素烤品 1 份

■ 蛋奶糊
混合型（P18） 130mL

■ 馅料
・茄子 3～4 根
・芝麻油 2 大匙
・腌梅干（碾碎） 2 大匙
※去掉内核碾碎成膏状
・甜料酒 1～2 大匙
・紫苏叶 5～10 片
・狮子唐（短小不辣的青辣椒）
8 个

■ 奶酪 比萨饼用奶酪 50g

1 将茄子纵向切成4等份后，再将每等份斜切为二。

2 在平底煎锅内加入芝麻油，加热后将茄子用小火慢慢翻炒。

3 茄子炒熟后熄火，加入奶酪后快速搅拌。

4 将处理为膏状的腌梅干和甜料酒一起充分搅拌，涂抹到素烤低糖挞皮底部，然后在上面摆放紫苏叶。

5 在4里加入3后，摆放狮子唐青辣椒，然后注入蛋奶糊。

6 在180℃的烤箱里烘焙30～40min。

豆奶糙米意式烩饭乳蛋饼

这款乳蛋饼使用的是一种"变种蛋奶糊",即在豆奶中加入糙米从而增加了蛋奶糊的黏稠感。

香喷喷的糙米,配上充足的蔬菜,如家常菜一般。

即使不加奶酪也一样美味可口。

糙米只要加热到稍微有黏稠感时就可。要准备稍微偏硬的糙米饭。

材料 (直径 18cm 甜挞模具 1 个)

■ 低糖挞皮
清淡口感健康型(P17)

素烤品 1 份

■ 蛋奶糊 & 馅料
· 竹笋(水煮) 50g
· 胡萝卜 少许
· 丛生口蘑 1/3 把
· 干燥鹿尾菜 2 大匙
· 四季豆 5 根
· 芝麻油 1/2 大匙
· 豆奶 100mL
· 偏硬的糙米饭 100g
· 盐、胡椒 各少许

■ 奶酪 比萨饼用奶酪 50g

1 将竹笋、胡萝卜、丛生口蘑均切碎,将鹿尾菜泡水(分量外)发好,如果发后偏大也一并切碎。四季豆用热水焯过后切成小碎段。

2 在平底煎锅里注入芝麻油,加热后将1快速翻炒,加入豆奶、糙米饭。

3 加盐、胡椒调味,稍微有黏稠感后熄火,加入奶酪,简单混合搅拌。

4 在素烤低糖挞皮里装入3后,放到180℃的烤箱里烘烤30~40min。

苹果与无花果的蓝纹奶酪乳蛋饼

这是一款将有独特口味的蓝纹奶酪与水果混搭在一起的、又咸又甜的甜点式乳蛋饼。
在表面撒上大量的香酥粉，令口感更酥更香，可充分体验与单纯吃水果不同的口感。
淋上枫糖浆，大快朵颐吧！

材料 （直径18cm 甜挞模具1个）

■ 低糖挞皮
  酥脆易碎香醇型（P17）
                              素烤品1份

■ 蛋奶糊　蛋黄型（P19）　130mL

■ 馅料
  · 无花果干   50g
  · 核桃仁   30g
  · 苹果   1/2个

■ 奶酪
  蓝纹奶酪   60~80g

■ 成型装饰
  · 香酥粉
    低筋面粉   30g
    砂糖   10g
    盐   一小撮
    黄油   15g
  · 枫糖浆   适量

1 制作香酥粉。事先将低筋面粉、砂糖、盐混合搅拌到一起。黄油切成适当大小的块状，置于冷藏室保冷待用。

2 将1装入盆中，用手揉搓成碎屑状，置于冰箱冷藏室保冷，直至正式使用时才拿出来。

3 将无花果干切成容易食用的小块，将核桃仁在平底煎锅中小火调中火煎烤。苹果带皮直接切成1cm厚的扇形。

4 将3装入盆内，再加入切成适当大小块状的奶酪后，简单混合。

5 将4装入素烤低糖挞皮里，然后注入蛋奶糊。

6 在表面撒上2的香酥粉，放到180℃的烤箱里烘焙30~40min。

7 去余热后脱模、切分，淋上枫糖浆后食用。

制作香酥粉揉搓成碎屑状时一定要干脆利落，黄油一旦熔化就会失败。因为手温会使黄油熔化，所以黄油、面粉类最好都冷藏保存。

这里的核桃仁不必弄碎，可以直接享受囫囵个儿的口感。蓝纹奶酪则无规则地乱切成碎块，简单混拌一下，馅料就完成了。

将香酥粉在正中间处均匀撒满。烘焙成型时，含有苹果、无花果干的充满滋润口感的馅料中，香酥粉的那一层酥香满口的感觉无疑就是亮点所在。

豆类与彩椒的西洋水果醋乳蛋饼

这款乳蛋饼使用了全麦面粉，
烘烤出来后更加香酥可口，
在其中加入了豆类和彩椒泡菜。
豆子那嘎吱嘎吱的口感，
彩椒那恰到好处的脆感，
还有香酥可口的低糖挞皮。
可以说是一款乳蛋饼，遍尝各种味。

※ 将240g低筋面粉减量为150g，
减去的90g用全麦面粉代替

材料 （直径18cm甜挞模具1个）

■ 低糖挞皮
　爽脆口感简单型／全麦面粉（P16）※
　　　　　　　　　　　素烤品1份

■ 蛋奶糊
　混合型（P18）130mL

■ 馅料
　·洋葱　　　　　　　　　　1/4个
　·彩椒　　　　　　　　　　1/2个
　·秋葵　　　　　　　　　　2~3根
　·混合煮豆（水煮）　　　　90g
　·盐、胡椒　　　　　　　各少许
　·黑葡萄醋　　　　　　1~2大匙
　※如果没有，用葡萄水果醋或一般醋代
　　替亦可

■ 奶酪　比萨饼用奶酪　　　50g

1 将洋葱切成碎末，将彩椒去掉种子和白色部分后切成5mm见方的小块。将秋葵加盐（分量外）揉搓之后横切成小片。

2 将混合煮豆快速用热水焯过后控去水分，趁热加入盐、胡椒、黑葡萄醋混合调味。

3 在2里加入1和奶酪后简单混合搅拌。

4 在素烤低糖挞皮里装入3后，注入蛋奶糊。

5 在180℃的烤箱里烘焙30~40min。

土豆与鸡蛋的沙拉乳蛋饼

这是一款使用家里常备的材料，随时可以制作的简单的乳蛋饼。

为了加强香浓口感，使用了孩子们大爱的蛋黄酱。

此款配方成就了无论是谁都会喜欢的亲民口味，

可以用在庆生会、派对等场合款待宾朋，

或者受邀拜访时作为伴手礼。

材料 （直径 15cm 甜挞模具 1 个）

■ 低糖挞皮
酥脆口感厚重型（P16）

素烤品 1 份

■ 蛋奶糊
鸡蛋 × 牛奶型（P18）　　195mL

■ 馅料
· 土豆　　　　　　　　　　2 个
· 绿色芦笋　　　　　　　2 ~ 3 根
· 鸡蛋　　　　　　　　　　1 个
· 蛋黄酱　　　　　　　　2 大匙
· 盐、胡椒　　　　　　　各少许

■ 奶酪　比萨饼用奶酪　　　50g

1 将土豆削皮后切成一口大小的块状，加入凉水开煮。煮至变软后倒掉热水，继续小火加热，一边晃动煮锅一边让水分尽量蒸发，做成"粉吹芋"待用。绿色芦笋切掉靠近根部的发硬部分，用热水焯过之后切成适当长度待用。

2 将鸡蛋煮成偏硬的煮蛋，用叉子等大致碾碎。

3 在盆内装入 1 和 2，加入蛋黄酱一起混拌，加入盐、胡椒调味。最后加入奶酪，简单混合搅拌。

4 在素烤低糖挞皮里装入 3 后，注入蛋奶糊。

5 在 180℃ 的烤箱里烘焙 40 ~ 50min。

春

绿色乳蛋饼

这款填充了各种"绿色"的乳蛋饼，一
定会让大家重新认识生机勃勃的"春菜"
的美味。

如果使用蜂斗菜的茎、刺老芽等来做的
话，那就是略带苦味的大人口味的乳蛋
饼。

※春天的绿色蔬菜
四季豆、蚕豆、青豌豆、球芽甘
蓝、绿色芦笋等

材料 （25cm×10cm 甜挞模具 1 个）

■ 低糖挞皮
爽脆口感简单型（P16）

素烤品 1 份

■ 蛋奶糊
鸡蛋×鲜奶油型（P18）130mL

■ 馅料
· 春天的绿色蔬菜※　合计150g
· 橄榄油　　　　　　1 大匙
· 盐、胡椒　　　　　各少许

■ 奶酪　比萨饼用奶酪　　50g

1 将豆类事先煮好待用。将绿
色芦笋靠近根部的偏硬部分
切掉后再切成适当长度，将
球芽甘蓝也切成适当大小。

2 在平底煎锅里放入橄榄油，
加热后将1快速翻炒，加盐、
胡椒调味。

3 熄火后加入奶酪，简单混合
搅拌。

4 在素烤低糖挞皮里装入 3 后
注入蛋奶糊。

5 在180℃的烤箱里烘焙30~
40min。

夏

色鲜味美咖喱乳蛋饼

提起夏天，自然就会想到咖喱。
所以，夏天的乳蛋饼也会首选咖喱味的！
咖喱是孩子们喜欢的口味，
所以在聚会时一起分享也会非常给力。
这是烘焙成型后色泽非常鲜亮养眼的一
款。

材料（直径 15cm 圆形甜挞模具 1 个）

■ 低糖挞皮
  酥脆口感厚重型（P16）
  　　　　　　　　　　素烤品 1 份

■ 蛋奶糊
  混合型（P18）　　　　　195mL

■ 馅料
  · 夏天的蔬菜 ※　　　合计200g
  · 大蒜　　　　　　　　　1 瓣
  · 沙拉油　　　　　　1 ~ 2 大匙
  · 咖喱粉　　　　　　1 ~ 2 大匙
  · 盐、胡椒　　　　　　各少许

■ 奶酪　比萨饼用奶酪　　　60g

※夏天的蔬菜
　茄子、西葫芦、洋葱、青
　椒、迷你西红柿等

1 将茄子、西葫芦去蒂后切成圆片，将青椒去蒂和种子后切成适当大小。将洋葱切片，迷你西红柿去蒂，大蒜切碎待用。

2 在平底煎锅内加入沙拉油，加热后将入蒜小火煎炒。

3 大蒜煎炒出蒜香之后，将除大蒜之外的1的蔬菜加入，翻炒至变软为止。加入咖喱粉、盐、胡椒调味。

4 熄火后加入奶酪，简单混合搅拌。

5 在素烤低糖挞皮里装入4后，注入蛋奶糊。

6 在180℃的烤箱里烘焙40 ~ 50min。

秋

蘑菇奶油乳蛋饼

这款乳蛋饼里,满满装着秋天的美味蘑菇,
蛋奶糊是由浓郁的鲜奶油制成的。
渐渐寒凉的季节里,这款乳蛋饼的香醇美
味是不二之选。

材料 （直径 18cm 甜挞模具 1 个）

■ 低糖挞皮
  酥脆易碎香醇型（P17）
  　　　　　　　　　　　素烤品 1 份

■ 蛋奶糊
  鸡蛋×鲜奶油型（P18）130mL

■ 馅料
  ·合口的蘑菇 ※　　　合计100g
  ·洋葱　　　　　　　1/2 个
  ·黄油　　　　　　　1 大匙
  ·盐、胡椒　　　　　各少许

■ 奶酪　比萨饼用奶酪　　50g

※合口的蘑菇
  香菇、丛生口蘑、洋蘑菇、灰树
  花、杏鲍菇等

1 将蘑菇去掉根部,切成适当大
  小。洋葱切片。

2 在平底煎锅里放入黄油,加
  热熔化,放入1快速翻炒后,
  加盐、胡椒调味。

3 熄火后加入奶酪,简单混合
  搅拌。

4 在素烤低糖挞皮里装入3后,
  注入蛋奶糊。

5 在180℃的烤箱里烘焙30~
  40min。

白色乳蛋饼

土豆、芜菁，还有花椰菜。
这款乳蛋饼里，装了满满的白色系冬季蔬菜，奶酪也是选用的白色系奶油奶酪，是非常适合冬季食用的一款白色乳蛋饼。

材料 （直径15cm甜挞模具1个）

■ 低糖挞皮
　酥脆口感厚重型（P16）
　　　　　　　　　素烤品1份

■ 蛋奶糊
　鸡蛋×鲜奶油型（P18）195mL

■ 馅料
　· 冬季白色系蔬菜※　合计200g
　· 黄油　　　　　　　　1大匙
　· 盐、胡椒　　　　　　各少许

■ 奶酪　奶油奶酪　　　　100g

※冬季白色系蔬菜
　土豆、花椰菜、芜菁、白色芦笋等

1 将土豆去皮、花椰菜切成适当大小，二者都用热水焯过待用。芜菁去皮后切成适当大小。

2 在平底煎锅里放入黄油，加热熔化后，将1加入快速翻炒，加盐、胡椒调味。

3 将回放至室温的奶油奶酪放入盆内，混合搅拌到柔顺滑腻后，将蛋奶糊少量多次加入并混合搅拌。

4 在素烤低糖挞皮里装入2后，注入3。

5 在180℃的烤箱里烘焙40～50min。如果喜欢，最后撒上帕马森干酪也会非常好吃。

我的乳蛋饼制作心得

我觉得乳蛋饼可以说是一种非常"宽容大度"的料理。因为不管是冰箱里库存的食材，还是晚饭剩余的菜肴，随便统统装进挞皮里，都可以烘焙出一款美味佳肴。

是不是应该称呼它为"魔术乳蛋饼"呢？

就连脑海里一瞬间会觉得"这也可以吗"的和风菜肴，也都一样可以烘焙出至上美味。就算没有鲜奶油或者没有低糖挞皮而用其他的食材代替，最后也都一样好吃。即使有时候馅料都淌出来了，虽然淌出的部分稍微有点焦煳感，但焦煳得恰到好处呢！

乳蛋饼不仅仅是简便易做，同时它也是一道非常多变的料理。这次介绍的基本菜谱都只用低筋面粉制作，如果将一半面粉换成高筋面粉的话，就可以做出有厚重感的面胚了。同样是低筋面粉，如果使用的是面筋含量多的面粉，做出来也会多少有些不同的口感。同样的菜谱同样的搭配组合，只是改换了不同种类的面粉，最后成型的乳蛋饼也会有不小的改变。奶酪亦如是。

我喜欢比较制作，尝试着将面粉换成中筋面粉，或者变换奶酪的种类，越做越觉得其乐无穷。享受过因配方不同而拥有不同味道、口感的乳蛋饼之后，接下来可以对各种材料进一步精挑细选，这样也许可以找寻到更接近自己喜欢的乳蛋饼口味呢！

这就是所谓的说简单其实却很深奥的乳蛋饼制作吧。今后，我也想要继续倚仗着乳蛋饼的"宽容大度"（特别是有客人来访的日子），再进一步探究它多变美味的奥秘！

我的乳蛋饼日子

左：招待亲朋时乳蛋饼真是频繁登场的一道料理。聚会的朋友们都非常喜欢，吃得高兴极了。
中：拍摄之前的试做品。我烤了图中数量5倍多的乳蛋饼！
右：用冰箱里剩余的春天蔬菜简单做成的乳蛋饼。但是根本感觉不出这是剩余蔬菜做的，非常好吃！这让我再一次由衷感激乳蛋饼作为料理的"宽容"。

Leçon 3

肉类和鱼类的足量型乳蛋饼

––––––––––

即便只是很简单的一份，也可以有大大的满足感，
那就是以肉和鱼为主角的分量十足的乳蛋饼。
切分得薄一些当作佐酒小菜，
或者直接作为晚饭的主料理登场，都极为合适！

盐腌猪肉葱香柠檬乳蛋饼

柠檬和大葱，将熟成后肉汁充沛的盐腌猪肉的美味衬托得更加完美。
最后装饰在上部的柠檬片，一定要不吝多放，有令人振作的柠檬酸味才更好吃。
这一款，可谓分量十足，吃起来回味无穷。

材料 （25cm×10cm 甜挞模具 1 个）

■ 低糖挞皮
　酥脆口感厚重型（P16）
　　　　　　　　　素烤品 1 份

■ 蛋奶糊
　混合型（P18）　　　130mL

■ 馅料
　·盐腌猪肉　　　　　150g
　·大葱（切葱花）　　1/2根
　·柠檬汁　　　　　　1大匙
　·甜料酒　　　　　　1大匙
　·大蒜（蒜泥）　　　1小匙
　·芝麻油　　　　　　1小匙

■ 奶酪　比萨饼用奶酪　50g

■ 成型装饰
　柠檬切片、西蓝花芽菜　适量

■ 盐腌猪肉的材料（容易做的量）
　·猪里脊肉　　　　　250g
　·盐　　　　　　　　1/2小匙

1 制作盐腌猪肉。将盐揉搓使之渗透到猪肉里后，用食品保鲜膜包裹，放到冰箱冷藏室内至少1天。

2 将盐腌猪肉150g切成一口大小的块状，放入加热后的平底煎锅里煎到表面有焦煳感为止。

3 在盆内放入葱花、柠檬汁、甜料酒、蒜泥、芝麻油，充分搅拌后，加入2和奶酪后再简单搅拌。

4 在素烤低糖挞皮里装入3后，注入蛋奶糊。

5 在180℃的烤箱里烘焙30~40min。

6 去余热后脱模，最后撒上柠檬切片和西蓝花芽菜。

将盐充分揉搓到猪肉里，然后放到冰箱里熟成。这样猪肉的美味会被盐味提得更鲜，做出来后更好吃，肉质也更柔软。

熏制三文鱼与洋葱的奶油奶酪乳蛋饼

这款乳蛋饼是将熏制三文鱼及其强档搭配的奶油奶酪合二为一。

温和的酸味成就了均衡口感的美味。

貌似味道浓郁厚重的乳蛋饼，加上新鲜的洋茴香后，平添一份清爽口感。

材料 （直径 18cm 甜挞模具 1 个）

■ 低糖挞皮
　爽脆口感简单型（P16）
　　　　　　　　　素烤品 1 份

■ 蛋奶糊
　鸡蛋 × 鲜奶油型（P18）　130mL

■ 馅料
　·洋葱　　　　　　　　1/4 个
　·熏制三文鱼　　　　　100g
　·柠檬汁　　　　　　　1/2 大匙
　·洋茴香　　　　　　　少许
　·橄榄油　　　　　　　1/2 大匙

■ 奶酪　奶油奶酪　　　　100g

■ 成型装饰
　洋茴香　　　　　　　　适量

1 将洋葱切片。在熏制三文鱼上淋上柠檬汁，将洋茴香掐碎后撒在最上面。

2 在平底煎锅里倒入橄榄油，加热后将洋葱轻轻翻炒。

3 将回放至室温的奶油奶酪放到盆内搅拌至柔软顺滑。少量多次加入蛋奶糊，充分混合搅拌。

4 在素烤低糖挞皮里装入2，放上熏制三文鱼，最后注入3。

5 在180℃的烤箱里烘焙30~40min。

6 去余热后脱模，切分后用洋茴香装饰成型。

将奶油奶酪充分搅拌至柔软顺滑状态后，将蛋奶糊少量多次加入其中。一次大量加入的话，不会混合搅拌得顺滑，这一点要多加注意。

鸡肉与绿色蔬菜的挞挞酱乳蛋饼

煎得香喷喷的鸡肉和绿色蔬菜, 二者可谓
"经典好搭档"。
使用市售的挞挞酱, 轻松演绎浓郁口味。
西蓝花的口感, 让人回味无穷。

材料 （直径 15cm 甜挞模具 1 个）

■ 低糖挞皮
酥脆口感厚重型（P16）
素烤品 1 份

■ 蛋奶糊
鸡蛋×牛奶型（P18）　　195mL

■ 馅料
· 西蓝花　　　　　　　　1/3 棵
· 四季豆　　　　　　　5~6 根
· 鸡腿肉　　　　　　　　100g
· 盐、胡椒　　　　　　　各少许
· 沙拉油　　　　　　　　少许
· 挞挞酱　　　　　　　　2 大匙

■ 奶酪　比萨饼用奶酪　　60g

1 将西蓝花和四季豆用热水焯
过后, 切成适当大小。将鸡
腿肉切成一口大小的块状,
撒上盐、胡椒调味。

2 在平底煎锅里倒入沙拉油,
加热后放入鸡腿肉, 煎至有
焦煳感。

3 在盆内加入1和2, 加入挞挞
酱后充分混合搅拌。再加入
奶酪, 简单混合搅拌。

4 在素烤低糖挞皮里装入3后,
注入蛋奶糊。

5 在180℃的烤箱里烘焙40~
50min。

火腿葱段乳蛋饼

乳蛋饼中被蒸烤得甘美柔嫩的长葱段，简
直就是绝顶美味！
与其说火腿片是主力，不如说这就是一款
长葱压阵的乳蛋饼。

材料 （直径 15cm 甜挞模具 1 个）

■ 低糖挞皮
　酥脆口感厚重型（P16）
　　　　　　　　　　　　素烤品 1 份

■ 蛋奶糊
　健康型（P19）　　　　195mL

■ 馅料
　· 葱　　　　　　　　　1 根半
　· 火腿　　　　　　　　100g
　· 盐　　　　　　　　　少许
　· 黑胡椒　　　　　　　少许

■ 奶酪　比萨饼用奶酪　　60g

1 将葱切成 4~5cm 长，火腿切
　成梆子形。

2 在加热后的平底煎锅里放入
　葱，用中火慢慢煎出焦色。
　加入火腿，再加盐、胡椒调
　味。

3 熄火后加入奶酪，简单混合
　搅拌。

4 在素烤低糖挞皮里装入 3 后，
　注入蛋奶糊。

5 在 180℃的烤箱里烘焙 40~
　50min。

土豆与盐腌凤尾鱼的蒜香乳蛋饼

这款乳蛋饼里，盐腌凤尾鱼独有的咸味入口难忘，喝小酒时配上它恰到好处。

热乎乎的土豆、浓郁黏稠的奶酪，还有扑鼻的蒜香，这款出类拔萃的组合定会引诱你食欲大开。

材料 （直径 18cm 甜挞模具 1 个）

■ 低糖挞皮
爽脆口感简单型（P16）

素烤品 1 份

■ 蛋奶糊
鸡蛋×鲜奶油型（P18）130mL

■ 馅料
・土豆　　2~3个（净重150g）
・大蒜　　　　　　　　1 瓣
・沙拉油　　　　　　1/2 大匙
・盐腌凤尾鱼罐头
　　　　　　　　30 g（净重）

■ 奶酪　卡门贝尔干酪　　50g

1 将土豆去皮后切成一口大小的块状，从凉水开始煮熟。将大蒜切片。

2 在平底煎锅里倒入沙拉油，加热后将蒜片用小火煎炒。

3 炒出蒜香后，加入土豆、控去油分的盐腌凤尾鱼轻轻翻炒。

4 熄火后加入撕成适当大小的奶酪，然后简单搅拌。

5 在素烤低糖挞皮里装入4后，注入蛋奶糊。

6 在180℃的烤箱里烘焙30~40min。

肉糜与洋白菜的煎蛋卷乳蛋饼

这款乳蛋饼口感温和，让你想起从前妈妈亲手做的煎蛋卷的味道。

使用了不易被察觉的少量佐料，包括番茄酱和沙司酱。

最后成型时撒上杏仁片，香味诱人。

材料 （直径 15cm 甜挞模具 1 个）

■ 低糖挞皮
酥脆口感厚重型（P16）
素烤品 1 份

■ 蛋奶糊
鸡蛋偏多型（P19）　195mL

■ 馅料
· 洋白菜　　　　　　1/8 个
· 洋葱　　　　　　　1/2 个
· 沙拉油　　　　　　1/2 大匙
· 猪肉馅儿　　　　　100g
· 肉豆蔻　　　　　　少许
· 盐、胡椒　　　　　各少许
· 番茄酱、沙司酱　　各 1 大匙

■ 奶酪　比萨饼用奶酪　60g

■ 成型装饰　杏仁片　　适量

1 将洋白菜和洋葱切碎。

2 在平底煎锅里倒入沙拉油，加热后翻炒猪肉馅儿。

3 肉馅儿炒熟后加入 1，翻炒到蔬菜变软水分也蒸发为止。加入肉豆蔻、盐、胡椒、番茄酱、沙司酱调味。

4 熄火后加入奶酪，简单搅拌。

5 在素烤低糖挞皮里装入 4 后注入蛋奶糊，再撒上杏仁片。

6 在 180℃ 的烤箱里烘焙 50～60min。

大虾与鳄梨的酸味奶油乳蛋饼

新鲜筋道的大虾、加热后变得黏软滑腻的鳄梨，
将2种不同口感的素材组合到一起，带给你新鲜愉快的体验。
直接食用也很好吃，我推荐尝试蘸上萨尔萨辣酱一起吃，非常新鲜爽口的味觉体验哦！

材料 （直径15cm甜挞模具1个）

■ 低糖挞皮
酥脆口感厚重型
／加有玉米糁（P16）※

素烤品1份

※ 将240g低筋面粉减量至150g，
另外的90g替换成玉米糁制作

■ 蛋奶糊
・酸味奶油　　　　　　　120g
・鸡蛋　　　　　　　　　1个半

■ 馅料
・去皮大虾　　　　　　　120g
・盐、胡椒　　　　　　　各少许
・鳄梨　　　1/2个（净重100g）
・柠檬汁　　　　　　　1/2大匙

■ 奶酪　比萨饼用奶酪　　　40g

■ 成型装饰　萨尔萨辣酱　　适量

1 将大虾用热水快速焯过，趁
热加盐、胡椒调味。

2 将鳄梨去皮去核后，切成一
口大小的块状。撒上柠檬汁
后装入盆里，加入1和奶酪简
单混合搅拌。

3 在盆内放入酸味奶油，搅拌
至柔软顺滑。鸡蛋打散，将
打好的蛋液少量多次加入，
每次都充分搅拌。

4 在素烤低糖挞皮里装入2后，
注入3。

5 在180℃的烤箱里烘焙40~
50min。

6 去余热后脱模，切分后拌上
萨尔萨辣酱食用。

Point

鳄梨请使用充分熟透的。但是，熟
过头的鳄梨一旦加热就难以烤出好
看的颜色，选材时要注意

这次的蛋奶糊里使用了酸味
奶油，增添了浓郁口感和柔
和酸味，和萨尔萨辣酱非常
搭配。材料在超市可以轻松
买到，希望亲自尝试制作。

三文鱼与蘑菇的奶油乳蛋饼

这款乳蛋饼，将烤得恰到好处的三文鱼，配合不使用鸡蛋的柔软滑润的蛋奶糊烘焙成型。

蘑菇可以改用自己喜欢的品种来制作。

这是一款使用简便的材料也可以轻松制成的美味乳蛋饼。

这款乳蛋饼使用了和奶油沙司制作要领相同的蛋奶糊。要注意少量多次加入牛奶时，每次都充分搅拌，不要结疙瘩。加工成如图所示的状态就做好了。

材料 （25cm×10cm 甜挞模具1个）

■ 低糖挞皮
酥脆易碎香醇型（P17）

素烤品 1份

■ 蛋奶糊
- 黄油　　　　　　　　15g
- 盐　　　　　　　　1/3小匙
- 低筋面粉　　　　　　15g
- 牛奶　　　　　　　150mL

■ 馅料
- 盐腌三文鱼　　　　　2片
- 洋葱　　　　　　　1/4个
- 丛生口蘑　　　　　1/2把
- 黄油　　　　　　　1大匙
- 盐、胡椒　　　　　各少许

■ 奶酪　比萨饼用奶酪　50g

1 将盐腌三文鱼切成一口大小的块状，将洋葱切片。将丛生口蘑去掉根部后切成适当大小。

2 在平底煎锅里放入黄油，加热熔化后放入盐腌三文鱼，从鱼皮面开始煎，表面变成焦黄色后加入洋葱和丛生口蘑，快速翻炒后加盐、胡椒调味。

3 制作蛋奶糊。锅内放入黄油加热熔化后，加入盐和低筋面粉快速翻炒。整体翻炒混合均匀后少量多次加入牛奶，每加一次都充分搅拌均匀，起中火加热，从锅底向上充分翻拌，并一直加热到蛋奶糊咕嘟咕嘟为止。

4 熄火后加入2、奶酪，简单搅拌。

5 在素烤低糖挞皮里装入4，在180℃的烤箱里烘焙40~50min。

Point

三文鱼一定要使用略带咸味的盐腌鱼。如果含盐量较多的话，在馅料或蛋奶糊内少放或不放盐，调节盐分用量

猪肉与韭菜乳蛋饼

将猪肉与韭菜用香油快速翻炒，就成了这款乳蛋饼的馅料。韭菜独特的芳香仿佛成了乳蛋饼的香料一般。这是一款只需一块就可以非常满足的实惠果腹型乳蛋饼。

材料（25cm×10cm 甜挞模具 1 个）

■ 低糖挞皮
爽脆口感简单型（P16）

素烤品 1 份

■ 蛋奶糊
混合型（P18） 130mL

■ 馅料
· 薄猪肉片 100g
· 韭菜 1/2 把
· 香油 1/2 大匙
· 盐、胡椒 各少许

■ 奶酪 比萨饼用奶酪 50g

■ 成型装饰 迷你西红柿 适量

1 将猪肉、韭菜分别切成适当大小。

2 在平底煎锅内加入香油，加热后放入1快速翻炒，然后加盐、胡椒调味。

3 熄火后加入奶酪，简单搅拌。

4 在素烤低糖挞皮里装入3后，注入蛋奶糊。

5 在180℃的烤箱里烘焙30~40min。

6 去余热后脱模、切分，最后装点上迷你西红柿。

金枪鱼与胡萝卜乳蛋饼

这款乳蛋饼在低糖挞皮里掺入普罗旺斯香草粉后烘焙成型，整个乳蛋饼也仿佛弥漫着法式风味的芳香。大麦的浑圆颗粒口感筋道，十分美妙。

大麦的浑圆颗粒会带给我们快乐的享受，也给容易陷入单调平淡的乳蛋饼平添了亮点。另外，大麦营养价值很高，对正处于生长发育期的孩子们也非常适合哦！

材料 （直径 18cm 甜挞模具 1 个）

■ 低糖挞皮
　爽脆口感简单型／加香草（P16）※
　　　　　　　　　　　素烤品 1 份

■ 蛋奶糊
　鸡蛋×鲜奶油型（P18）130mL

■ 馅料
　· 胡萝卜　　　　　　　　　1 根
　· 金枪鱼罐头（油渍型）
　　　　　　　　　　　1 罐（80g）
　· 盐、胡椒　　　　　　　各少许
　· 柠檬汁　　　　　　　　1 大匙
　· 橄榄油　　　　　　　1～2 大匙
　· 大麦（煮好的）　　　1～2 大匙

■ 奶酪　格吕耶尔干酪　　　　50g
※用奶酪磨粉器或者菜刀剁成细末状待用

1 将胡萝卜切成细丝。

2 在平底煎锅中将金枪鱼罐头连鱼带油全部倒入，加入 1 和盐、胡椒后快速翻炒。

3 趁热将 2 装入盆内，加入柠檬汁、橄榄油、煮好的大麦、奶酪后，简单混合搅拌。

4 在素烤低糖挞皮里装入 3 后，注入蛋奶糊。

5 在 180℃ 的烤箱里烘焙 30～40min。

※ 将 240g 低筋面粉减量至 220g，加入普罗旺斯香草粉 2 大匙进行制作

海鲜与藏红花乳蛋饼

这款乳蛋饼使用了与海鲜类搭配适宜的藏红花，烘焙成型后可谓风味隽永。藏红花更让烘焙出炉的乳蛋饼非常美观养眼。装点的百里香也是一处亮点。

可以为料理平添一抹好味的藏红花，与海鲜可谓绝配。本款乳蛋饼中主要是用它来调配出养眼诱人的色调。百里香最好使用新鲜的香草。

材料 （直径18cm甜挞模具1个）

■ 低糖挞皮
酥脆口感厚重型（P16）
素烤品 1份

■ 蛋奶糊 混合型（P18） 130mL

■ 馅料
- 大蒜 1瓣
- 洋葱 1/2个
- 藏红花 1g
- 热水 1大匙
- 橄榄油 1大匙
- 混合海鲜（冷冻） 150g
- 白葡萄酒（如果有的话）
 1大匙
- 盐、胡椒 各少许
- 百里香 少许

■ 奶酪 比萨饼用奶酪 50g

1 将大蒜、洋葱切片。将藏红花用热水泡发待用。

2 在平底煎锅内倒入橄榄油，加热后用小火煎炒蒜片。

3 煎出蒜香后，加入洋葱一直炒到洋葱熟软为止。

4 将泡发的藏红花连汤带水一起倒入，加入混合海鲜一起拌炒。加入白葡萄酒增添香味，加盐、胡椒调味。

5 水分蒸发殆尽后熄火，加入奶酪，简单混合搅拌。

6 在素烤低糖挞皮里装入5后注入蛋奶糊，上面放上百里香。

7 在180℃的烤箱里烘焙30～40min。

干西红柿乳蛋饼加缀鲜火腿

这款乳蛋饼，将凝缩了所有甘美鲜香元素的干西红柿大量填入烘焙而成。
直接食用就非常好吃，如果配合大量鲜火腿、嫩菜叶一起食用的话，外观和味道会更美观更豪华！
可以说这是一款非常适合搭配红酒的乳蛋饼。

材料 （直径18cm甜挞模具1个）

■ 低糖挞皮
　酥脆易碎香醇型（P17）
　　　　　　　　素烤品1份

■ 蛋奶糊
　· 混合型（P18）　　　130mL
　· 普罗旺斯香草粉　　1/2大匙

■ 馅料
　· 干西红柿　　　　　　30g
　· 洋葱　　　　　　　　1个
　· 橄榄油　　　　　　1大匙
　· 盐、胡椒　　　　　各少许

■ 奶酪　比萨饼用奶酪　　50g

■ 成型装饰
　鲜火腿、嫩菜叶　　　各适量

1 将干西红柿用水（分量外）泡发后，切成适当大小。将洋葱切片待用。

2 在平底煎锅里倒入橄榄油，加热后将1轻轻翻炒，加盐、胡椒调味。

3 熄火后加入奶酪，简单搅拌。

4 在素烤低糖挞皮里装入3后，注入加有普罗旺斯香草粉的蛋奶糊。

5 在180℃的烤箱里烘焙30~40min。

6 去余热后脱模，装点上鲜火腿和嫩菜叶。切分食用。

由百里香、鼠尾草、迷迭香、茴香等数种香草混合而成的香草粉，就是这里所说的"普罗旺斯香草粉"。生产商的不同，香草的种类和配量也各不相同。制作时加入这个香草粉，一下子就会弥漫出如普罗旺斯香草园般独有的香氛。标有"混合香草粉"字样的同类产品也可以。

西红柿的所有甘美鲜香元素，经过太阳的烘晒全部凝缩在一起，就成了干西红柿。使用它会为乳蛋饼的美味平添几分纵深感。

乳蛋饼笔记 *3*

乳蛋饼的包装

乳蛋饼作为款待亲朋的美味佳肴，是再适合不过了！

当你受邀前往聚会时，带上它作为伴手礼也一定会大受欢迎。

如果再加上一些看似无心却有意、不会令主人感到有压力的可爱装饰的话，更是锦上添花！

在这里，为您奉上服装设计师伊东朋惠女士传授的包装乳蛋饼的好点子。

Lesson 8

70

Idea 1
自在随意型包装

看上去细致松脆的乳蛋饼，却是出乎意料地坚挺，不易走形。所以，用那种在市场上常见的可爱包装纸随意打包一下也没关系。再用麻绳或丝带等绕一圈打个结，就算是稍微打扮了一下的感觉。一块一块分开包装的话，食用时会更加方便，也更容易携带。

Idea 2
一目了然型包装

乳蛋饼卖相可爱，所以从包装袋里拿出来时，为了"抢眼球"，推荐使用可以一目了然的包装。如果是打包一整份的乳蛋饼，那可爱的造型更会引人注目。包装时使用可以作为托盘的材料做托底，就可以直接取出来摆在餐桌上亮相了。相信整个餐桌都会显得更加奢华。

Leçon 4

简单快捷的乳蛋饼

———————

低糖挞皮也好，馅料也罢，从头做起都是一件工序繁多的事情！
这时候，让我们来尝试一下简化工序的简单做法。
不要担心，就算这样乳蛋饼也一样会以不变的美味来回报我们的。
在这里，介绍几种花样翻新的乳蛋饼。

馅料简单的菜肴乳蛋饼

在没有充足时间的时候，不妨稍微省略一些烦琐工序。
就用昨天的菜肴做乳蛋饼吧！
宽容大度的乳蛋饼，和任何菜肴都可以搭配得非常友好！

法式炖菜乳蛋饼

法式炖菜汇聚了各种蔬菜的美味元素。
只要是西红柿和奶酪的组合，就毋庸置疑！

材料 （直径 15cm 圆形挞模 1 个）

■ 低糖挞皮
　酥脆口感厚重型（P16）
　　　　　　　　　　素烤品 1 份

■ 蛋奶糊
　鸡蛋×鲜奶油型（P18）　195mL

■ 馅料
　法式炖菜　　　　　　　250g

■ 奶酪　比萨饼用奶酪　　60g

1 在盆内加入法式炖菜、奶酪后，简单混合搅拌。

2 在素烤低糖挞皮里装入1后注入蛋奶糊。

3 在180℃的烤箱里烘焙40~50min。

法式炖菜的制作方法
（3~ 4 人量）

1 将大蒜（1瓣）切片，将洋葱（1个）、茄子（2根）、彩椒（1/2个）、西葫芦（1/2根）按容易食用的大小切好待用。

2 在锅里倒入橄榄油（3大匙），加热后小火煎炒蒜片。

3 煎炒出蒜香后，加入其他蔬菜一起翻炒，再加入水煮西红柿（1罐/ 400g），加盐（少许）、普罗旺斯香草粉（1~2大匙）、清汤调料（固体小块1块）后盖上锅盖，用微火煮炖。

4 蔬菜变软、整体水分减少后就炖好了。

＊加入的蔬菜没有固定种类。请自由选择自己喜欢的蔬菜或者冰箱里存储的蔬菜都可以。蔬菜种类多放一些，炖菜的味道会更浓厚。

金平牛蒡乳蛋饼

稍微添了一点辛辣口味的金平牛蒡，和乳蛋饼也是绝配。
低糖挞皮里掺入了糙米粉，与"和食"菜肴也非常搭配。

材料 （直径18cm甜挞模具1个）

■ 低糖挞皮
　爽脆口感简单型 / 糙米粉（P16）※
　　　　　　　　　　　素烤品1份

■ 蛋奶糊
　健康型（P19）　　　　130mL

■ 馅料　金平牛蒡　　　　150 g
■ 奶酪　比萨饼用奶酪　　　50g
■ 成型装饰　红辣椒丝　　　少许

※ 将240g低筋面粉减量至150g，
　另外的90g替换成糙米粉制作

1 在盆内加入金平牛蒡、奶酪后，
　简单混合搅拌。

2 在素烤低糖挞皮里装入1后注入
　蛋奶糊。

3 在180℃的烤箱里烘焙30~
　40min。

4 去余热后脱模、切分，最后装
　点上红辣椒丝。

Point

在低糖挞皮里掺入糙米粉后，需要添
加比基本分量还要多一些的水分。
以50mL为上限，少量多次加水，直
至整个面团成形。

金平牛蒡的制作方法
（3~4人量）

1 将牛蒡（1根）与胡萝卜（1/3
　根）切丝，辣椒（少许）去
　掉种子部分后纵向横切为小
　片。

2 在平底煎锅里倒入香油（1大
　匙）和辣椒，加热后加入牛
　蒡丝与胡萝卜丝翻炒至变软。

3 加入砂糖、料酒（各1大匙）
　翻炒。

蛋炒苦瓜豆腐乳蛋饼

这款乳蛋饼里，苦瓜的苦味成为非常鲜美的独特口味，力荐在夏天尝试制作品尝。

这是一款让你完全感觉不到是用剩余菜肴制作的乳蛋饼，建议和冰镇啤酒一起品尝！

材料 （直径18cm甜挞模具1个）

■ 低糖挞皮
酥脆口感厚重型（P16）
素烤品1份

■ 蛋奶糊
混合型（P18）　　　130mL

■ 馅料　蛋炒苦瓜豆腐　　150g
■ 奶酪　比萨饼用奶酪　　50g

1 在盆内加入蛋炒苦瓜豆腐和奶酪，然后简单混拌。

2 在素烤低糖挞皮里装入1后注入蛋奶糊。

3 在180℃的烤箱里烘焙30~40min。

蛋炒苦瓜豆腐的制作方法
（3~4人量）

1 将苦瓜（1/2根）纵向切半，用羹匙刮掉种子和瓜瓤部分后切片，然后用盐（1小匙）揉搓后用热水快速焯过待用。将老豆腐（1/2块）控干水分，猪肉片（100g）切成适当大小。

2 在平底煎锅里倒入沙拉油（1大匙），加热后将猪肉片快速翻炒，加入苦瓜片、豆腐并同时捣碎。

3 加酱油（1大匙）、盐、胡椒（各少许）调味，最后将打好的蛋液（1个鸡蛋）加入并快速翻炒。根据个人喜好撒上调味用鲣鱼片（适量）即可。

煮鹿尾菜乳蛋饼

作为常备菜肴、副食菜肴, 煮鹿尾菜每天都活跃在我们的餐桌上,
这款乳蛋饼就是把它作为馅料烘焙而成的。
用煮菜做馅时, 调味稍微浓重一些, 烘焙出来时味道的层次感会更平衡。

材料 （直径 18cm 甜挞模具 1 个）

■ 低糖挞皮
　爽脆口感简单型（P16）
　　　　　　　　素烤品 1 份

■ 蛋奶糊
　鸡蛋 × 牛奶型（P18）　130mL

■ 馅料　煮鹿尾菜　　　　150g
■ 奶酪　比萨饼用奶酪　　　50g

1 在盆内放入煮鹿尾菜和奶酪,
　然后简单搅拌。

2 在素烤低糖挞皮里装入1后注入
　蛋奶糊。

3 在180℃的烤箱里烘焙30~
　40min。

煮鹿尾菜的制作方法
（3~4 人量）

1 将干燥鹿尾菜（25g）用水
　泡发, 过大的话就切碎些。
　将胡萝卜（1/3根）、油炸豆
　腐（1片）切细丝。将煮熟的
　大豆（100g）用热水快速焯
　过待用。

2 在锅内加入1后加水（120mL）、
　砂糖（5大匙）、料酒（2大
　匙）后煮炖。

3 胡萝卜变软后加入酱油（5大
　匙）后继续煮炖收水即可。

奶油炖菜乳蛋饼

前一天做的奶油炖菜，水分蒸发得恰到好处，用来做乳蛋饼再合适不过。加入鸡蛋搅拌一下，就可以当作带有馅料的蛋奶糊来使用。

材料 （直径15cm圆形甜挞模具1个）

■ 低糖挞皮
酥脆易碎香醇型（P17）

素烤品1份

■ 蛋奶糊 & 馅料
· 奶油炖菜 　　　　　350g
· 鸡蛋 　　　　　　　2个

■ 奶酪　格吕耶尔干酪　60g
※用奶酪磨粉器或者菜刀剁成细末状待用

1 在放凉的奶油炖菜里加入打好的蛋液并充分搅拌。
※如果凝固变硬不容易搅拌的话，加入少量牛奶（分量外）

2 加入奶酪简单搅拌后，装入素烤低糖挞皮里。

3 在180℃的烤箱里烘焙40~50min。

奶油炖菜的制作方法
（3~4人量）

1 将鸡腿肉（150g）切成一口大小的块状，撒上盐、胡椒（各适量）。将胡萝卜（1/2根）、洋葱（1个）、土豆（2个）、西蓝花（1/3棵）切成容易食用的大小。

2 在锅内放入黄油（1大匙）加热熔化后放入鸡肉煎炒，至肉变色后将除了西蓝花之外的其他蔬菜放入，至稍微变软为止。

3 加水（400mL），一边撇出煮汁一边煮炖到蔬菜完全变软后加入西蓝花。

4 加入市售的奶油炖菜汤汁调料（80g）后炖煮到黏稠，再加入牛奶（100mL）炖煮。

轻松搞定低糖挞皮的乳蛋饼

从零开始制作低糖挞皮，不是件轻松的事情。
这时候，就可以使用这里介绍的方法。
一些不常用的材料，也可以烘焙出非常可口的乳蛋饼。

~ 使用冷冻派皮 ~
乳蛋饼迷你树

如果使用能够轻松买到的派皮，乳蛋饼也可以短时完成。
烘焙成小巧迷你款，那么派对料理也就一并搞定了！

材料 （直径7cm布丁模具6个）

■ 代替低糖挞皮
　冷冻派皮（20cm×20cm）1.5张

■ 蛋奶糊
　混合型（P18）　　　　　195mL

■ 馅料
　·黄油　　　　　　　　　1大匙
　·洋葱（切片）　　　　　1个量
　·盐、胡椒　　　　　　　各少许

■ 奶酪　比萨饼用奶酪　　　75g

■ 成型装饰
　·嫩菜叶　　　　　　　　适量
　·迷你绿色芦笋　　　　　10根
　·迷你西红柿　　　　　　6个

将派皮不留缝隙地铺在布丁
模底部，不要忘记在底面用
叉子扎上小孔。

事前准备
在布丁模里用毛刷涂上一层黄油或
沙拉油（均为所需分量之外）待用。

1 按照冷冻派皮包装袋上的说明进
　行解冻，形状比布丁模具大一圈
　切好。在布丁模内密密实实地填
　充后用叉子在底面扎上小孔，包
　上食品保鲜膜后放入冰箱里醒1h
　左右。

2 在布丁模内铺上烘焙纸放置烘焙
　重石，在200℃的烤箱里烘焙
　15min，去掉重石和烘焙纸，再
　继续烘焙10min。

3 在平底煎锅里放入黄油，加热熔
　化后放入洋葱片翻炒，加盐、胡
　椒调味。

4 熄火后加入奶酪，简单混合搅拌。

5 将4加入2中后，注入蛋奶糊。

6 在180℃的烤箱里烘焙20~25min。

7 去余热后脱模，将嫩菜叶用热水
　焯过。迷你绿色芦笋、迷你西红
　柿切成适当大小，均匀放在乳蛋
　饼上，装饰完成。

~ 使用冷冻派皮 ~

玻璃杯装乳蛋饼

柔软的马斯卡彭奶酪与酥脆轻快的派皮组合，变身为玻璃杯装乳蛋饼。看上去清爽亮丽，作为夏天款待宾朋的一款，也非常合适。

烘焙时将派皮用冷却网遮盖着放入烤箱，可以防止派皮过度膨胀。

材料 （直径约6.5cm 玻璃杯4个）

■ 代替低糖挞皮
冷冻派皮（20cm×20cm）1/2张

■ 蛋奶糊 & 奶酪
马斯卡彭奶酪奶油

·马斯卡彭奶酪	100g
·蛋黄	1个
·砂糖	1/2小匙
·盐	一小撮
·鲜奶油	100mL

■ 馅料　西红柿与芹菜沙拉

·西红柿	1个
·洋葱	1/4个
·迷你西红柿	10个
·柠檬汁	1大匙
·芹菜、黄瓜	各1/2根
·橄榄油	1/2大匙
·盐、胡椒	各少许

■ 成型装饰　菊苣　　　　　适量

1 按照冷冻派皮包装袋上的说明进行解冻，用擀面杖擀大一圈后用叉子扎上小孔。

2 在派皮上遮盖上冷却网，在200℃的烤箱里烘焙15min。取下冷却网，将烤箱温度降到180℃，继续烘焙15~20min后去余热。

3 制作馅料。将西红柿去籽，迷你西红柿切半，芹菜、黄瓜、洋葱切碎。在盆内将剩余的馅料一起放入后充分混合，放入冰箱冷藏。

4 制作蛋奶糊。在盆内将鲜奶油之外的材料一起放入后充分混拌。在另一盆内放入鲜奶油并打发至稍微有尖角的状态后，加入马斯卡彭奶酪一起混合搅拌，放入冰箱冷藏。

5 在玻璃杯里装入捣碎后的2，然后按照先4后3的顺序装入，最后装饰上菊苣。

~ 使用春卷皮 ~

芦笋与香肠乳蛋饼

如果春卷皮有剩余，希望可以尝试制作一下这款非常简单的乳蛋饼。脆生生的轻快口感，让你体会与低糖挞皮不一样的美味。

将春卷皮一点一点错开重叠排列，铺到甜挞模具里。此外，使用春卷皮时，如果太脆的话不容易装填馅料，所以不需要素烤。

材料 （直径 18cm 甜挞模具 1 个）

■ 代替低糖挞皮
春卷皮　　　　　　　　4~5张

■ 蛋奶糊
混合型（P18）　　　　130mL

■ 馅料
· 绿色芦笋　　　　　　1把
· 香肠　　　　　　　5~6根
· 黄油　　　　　　　1大匙
· 盐、胡椒　　　　　各少许

■ 奶酪　比萨饼用奶酪　　50g

事前准备
在甜挞模具里用毛刷涂上一层黄油或沙拉油（均为所需分量之外）待用。

1 在甜挞模具里将春卷皮错开重叠排列，铺到模具里。

2 切掉芦笋卜部友硬部分，然后切成适当长短。将香肠纵向切半。

3 在平底煎锅里放入黄油，加热熔化后，将2放入快速翻炒，加盐、胡椒调味。

4 熄火后加入奶酪，简单混合搅拌。

5 在1里将4摆开放入后注入蛋奶糊。

6 在180℃的烤箱里烘焙30min。

~ 使用面包 ~

茄香肉沙司乳蛋饼

这一款里代替低糖挞皮的，竟然是主食吐司面包！

没有哪种材料比这更容易轻松搞定了吧，不过烘焙出来一样可以保证味美动人！

将吐司面包片如图所示，一整片直接铺到底部。接下来切块后不留缝隙地整齐地排列摆满即可。

材料（直径 20cm 耐热派盘 1 个）

■ 代替低糖挞皮
做三明治的主食吐司面包片6~7片

■ 蛋奶糊
混合型（P18）　　　　　130mL

■ 馅料
・茄子　　　　　　　　3~4根
・橄榄油　　　　　　　　2大匙
・盐、胡椒　　　　　　　各少许
・肉沙司　　　　　　　　150g

■ 奶酪　比萨饼用奶酪　　　50g

■ 成型装饰　百里香　　　　适量

事前准备
在派盘里用毛刷涂上一层黄油或沙拉油（均为所需分量之外）待用。

1 将茄子切成1cm厚的圆片，在加热后的平底煎锅里倒入橄榄油后，将茄子翻炒到熟透为止，加盐、胡椒调味。

2 熄火后加入肉沙司、奶酪，简单混合。

3 在派盘里铺上主食吐司面包片。一整片直接铺到底部，其他的每片4等分切块后，沿四周整齐地排列摆满。

4 在3里将2排列摆好后注入蛋奶糊。

5 在180℃的烤箱里烘焙30~40min。

~ 使用面包 ~

蜂蜜芥末鸡肉红薯乳蛋饼

使用富含黄油的牛角面包来制作，可以享受到比主食吐司面包更香醇浓郁的好味道。这是一款用蜂蜜和芥末酱调味的略带成熟口感的乳蛋饼。

因为蛋奶糊有时会有渗漏现象，所以铺垫牛角面包时底部要铺得厚实一些。

材料 （直径18cm甜挞模具1个）

■ 代替低糖挞皮
　牛角面包　　　5个（约120g）

■ 蛋奶糊
　鸡蛋×鲜奶油型（P18）130mL

■ 馅料
　·红薯　　　　　　　　100g
　·鸡腿肉　　　　　　　100g
　·盐、胡椒　　　　　　各少许
　·沙拉油　　　　　　　1大匙
　·颗粒芥末酱　　　　　1大匙
　·蜂蜜　　　　　　　　1大匙

■ 奶酪　比萨饼用奶酪　　50g

■ 成型装饰　黑芝麻　　　少许

事前准备
在甜挞模具里用毛刷涂上一层黄油或沙拉油（均为所需分量之外）待用。

1 将红薯带皮洗净，切成一口大小的块状后用水冲泡待用。将鸡腿肉切成一口大小的块状后撒上盐、胡椒入味。

2 将控干水后的红薯摆放在耐热器皿里，轻轻盖上食品保鲜膜后用微波炉加热2~3min，至可以用竹签轻松插入穿透。

3 在平底煎锅里倒入沙拉油，加热后煎鸡腿肉，加入红薯后快速翻炒，加入芥末酱和蜂蜜后继续一起翻炒。

4 熄火后加入奶酪，简单混合搅拌。

5 手撕牛角面包，一边按压一边密实实地铺满甜挞模具。

6 在5上铺上烘焙纸，放入烘焙重石，在180℃的烤箱里烘焙10~15min。

7 面包烤好后取出，在面包上加入4和蛋奶糊，撒上芝麻。

8 在180℃的烤箱里烘焙30~40min。

~ 不使用低糖挞皮 ~

南瓜盅乳蛋饼

这是一款使用整个的小南瓜做成的、
具有标新立异风格的乳蛋饼。
装满馅料和蛋奶糊,
小南瓜的瓜皮就成了美味的碗盅。

刮掉南瓜瓤,直到内壁变为如
图所示的厚度。热乎乎、软绵
绵,整个南瓜盅都可以入口。

材料 (小南瓜2个)

■ 蛋奶糊
  鸡蛋×鲜奶油型(P18) 130mL

■ 馅料
  ·迷你南瓜   2个
  ·黄油   1/2大匙
  ·洋葱(切片)   1/4个
  ·青豌豆   2大匙

■ 奶酪 比萨饼用奶酪   40g

1 将迷你南瓜用食品保鲜膜包裹后,
  放到微波炉里加热3min。
  ※切时如果觉得硬,就再稍微加热一下

2 在南瓜上部1/4处切开(如左下
  图),去掉种子和瓤后用汤匙等
  沿内壁刮去薄薄一层南瓜肉。

3 在平底煎锅里放入黄油,加热熔
  化后放入洋葱、2中刮下来的南瓜
  肉、青豌豆,一起翻炒。

4 熄火后加入奶酪,简单混拌。

5 将4装入2的南瓜盅里,注入蛋奶
  糊。

6 在180℃的烤箱里烘焙20~30min。
  南瓜盖部分用铝箔纸包裹后一起
  烘烤。

~ 不使用低糖挞皮 ~

蔬菜多多口感松软的乳蛋饼

在耐热烤盘里注入蛋奶糊，
再放入烤箱烘焙。
就是煎蛋卷的感觉，好吃极了！
直接使用羹匙更能大快朵颐。

Point

在制作蛋奶糊打碎鸡蛋时，用打蛋器
轻轻搅拌一下，烤出来时成型会很有
松软感。不过，打发过度的话，烘焙
出来时因为过于松软会有很多空隙，
要注意

材料 （约 18cm×12cm 耐热烤盘
　　　1 个 ）

■ 蛋奶糊
　混合型（ P18 ）　　　195mL

■ 馅料
　·菠菜　　　　　　　　1/2把
　·土豆　　　　　　　　1个
　·蘑菇　　　　　　　　1/2棵
　·培根　　　　　　　　1片
　·迷你西红柿　　　　　5个
　·黄油　　　　　　　　1大匙
　·盐、胡椒　　　　　　各少许

■ 奶酪　比萨饼用奶酪　　60g

1 将菠菜快速用热水焯过，切
　成容易食用的大小。将土豆
　削皮后切成一口大小的块状，
　从凉水开始煮。蘑菇去根部
　后切成适当的大小，将培根
　切成1cm宽的大小。迷你西
　红柿去蒂待用。

2 在平底煎锅里放入黄油，加
　热熔化后煸炒培根。加入1的
　蔬菜后快速翻炒，加盐、胡
　椒调味。

3 熄火后加入奶酪，简单混合
　搅拌。

4 在耐热烤盘里放入3后，注入
　蛋奶糊。

5 在180℃的烤箱里烘焙30~
　40min。

剩余低糖挞皮活用术

心满意足地吃过乳蛋饼之后，再品尝一块餐后甜挞如何？
本书中介绍的低糖挞皮，虽然属于没有多少甜味的面坯，
但只要考虑好味道的组合，制作与之搭配的奶油，就可以顺手烤制出甜挞来。
如果低糖挞皮有剩余的时候，那就试着做一下甜挞吧！

制作杏仁奶油

在这里介绍一下配合甜挞的杏仁奶油的制作方法。掌握好这个配方，再与低糖挞皮、水果搭配组合一下，甜挞就完成了！

材料 （直径 18cm 甜挞模具 1 个或 25cm×10cm 长方形模具）

- 黄油　　　　60g
- 砂糖　　　　60g
- 鸡蛋　　　　1 个
- 朗姆酒　　　1 大匙
- 低筋面粉　　20g
- 杏仁粉　　　60g

1 在盆内放入回放至室温的黄油，用打蛋器搅拌至柔润如奶油状后，加入砂糖搅拌打发至发白。

2 打散鸡蛋，将蛋液少量多次加入到1里，一边加入一边混合搅拌。

※由于容易分离，所以一定要少量多次加入！

3 加入朗姆酒后搅拌，再加入低筋面粉、杏仁粉，一起混合搅拌。

4 如图片所示，一直搅拌到没有干面粉的感觉时，杏仁奶油就做好了！

Tarte 1

**烘焙完成后
点缀新鲜水果**

莓果甜挞

制作方法
（直径 18cm 甜挞模具 1 个）

1　在素烤低糖挞皮（酥脆口感厚重型/
　　P16）里满满地装入杏仁奶油后，在
　　180℃的烤箱里烘焙30min。

2　充分去热放凉后，将自己喜欢的莓果
　　类水果（合计约200ｇ）切好堆叠摆
　　上，用毛刷蘸上镜面淋酱（适量）涂
　　抹其上，最后点缀上香芹叶（适量）
　　成型即可。

　　※莓果类以外的水果（桃、香蕉等）也可以做
　　　出非常好吃的甜挞

Tarte 2

点缀水果，烘焙成型

洋梨甜挞

制作方法
（25cm×10cm 长方形甜挞模具 1 个）

1　将洋梨（半切状2个/罐头装）切片待用。

2　在素烤低糖挞皮（酥脆口感厚重型/
　　P16）里满满地装入杏仁奶油，将切片
　　的洋梨摆在上面后，在180℃的烤箱里
　　烘焙30min。

3　去余热后，用毛刷蘸上镜面淋酱（适
　　量）涂抹其上，最后撒上切碎的开心果
　　仁（适量）成型即可。

镜面淋酱在最后成型时
可以增添光泽感。只是
涂抹一层镜面淋酱，就
可以有西点店里专业糕
点一样的成型效果。在
专业烘焙材料店有售。

福田淳子　Junko Fukuda

西点研究师、食品搭配师。为咖啡店等做过菜单企划开发。现在活跃于网络、图书、杂志、广告等领域。擅长开发日常生活中易做的菜肴，粉丝众多。著有《布丁之书》《戚风蛋糕之书》等。

艺术创作与设计　平木千草
摄影　回里纯子
造型　伊东朋惠
特别感谢　中岛麻里
材料提供　cuoca

SHINBAN YASAI GA TAKUSAN TABERARERU QUICHE NO HON by Junko Fukuda

Copyright © Junko Fukuda, 2014

Copyright © Mynavi Publishing Corporation,2014

All rights reserved.

Original Japanese edition published by Mynavi Publishing Corporation

Simplified Chinese translation copyright © 2017 by Henan Science & Technology Press Co.,Ltd.

This Simplified Chinese edition published by arrangement with Mynavi Publishing Corporation, Tokyo, through HonnoKizuna, Inc., Tokyo, and Shinwon Agency Co. Beijing Representative Office, Beijing

图书在版编目（CIP）数据

可以尽享四季蔬菜的乳蛋饼：福田淳子便捷食谱/(日)福田淳子著；郑钧译. —郑州：河南科学技术出版社，2017.7

ISBN 978-7-5349-8779-3

Ⅰ.①可… Ⅱ.①福… ②郑… Ⅲ.①烘焙—食谱—日本 Ⅳ.①TS213.2

中国版本图书馆CIP数据核字(2017)第132354号

出版发行：河南科学技术出版社
　　　　　地址：郑州市经五路66号　　邮编：450002
　　　　　电话：（0371）65737028　　65788613
　　　　　网址：www.hnstp.cn
策划编辑：李　洁
责任编辑：杨　莉
责任校对：窦红英
封面设计：张　伟
责任印制：张艳芳
印　　刷：北京盛通印刷股份有限公司
经　　销：全国新华书店
幅面尺寸：190 mm ×260 mm　印张：5.5　字数：110千字
版　　次：2017年7月第1版　　2017年7月第1次印刷
定　　价：42.00元